国家"十三五"重点研发计划(2016YFC0801403)资助
山东省自然科学基金(ZR2018MEE009)资助
国家自然科学基金(51374140)资助

U0348408

典型条件下冲击地压发生机理与危险辨识方法及应用

顾士坦　蒋邦友　徐斌　沈建波　詹召伟　著

中国矿业大学出版社

内 容 提 要

本书综合运用理论分析、数值模拟、现场监测等方法,对褶曲、断层、坚硬顶板、煤柱等典型条件下冲击地压发生机理及危险辨识方法进行了系统的研究和探讨。首先,分析了典型工程地质条件的基本形式及特征,探讨了其对冲击地压的影响;其次,通过构建相应的力学模型,研究了四种典型条件下冲击地压灾害的孕育力学机制,并通过对构造、断层、坚硬顶板、煤柱等四种典型条件下采场煤岩应力场、能量场等演化规律的模拟分析,揭示了典型条件下冲击危险的孕育演化规律;然后,在典型条件下冲击地压机理研究基础上,提出了几种有效的冲击危险辨识方法:分段多指标钻屑法、多参量多指标综合预警法、深度神经网络辨识方法以及模糊神经网络辨识方法;最后,基于现场案例进行了典型条件下冲击危险辨识方法与治理的应用分析。本书在冲击地压多手段监测信息有效准确使用和提高冲击危险预警准确率方面进行了有益的探索。

本书可供从事采矿工程、地下工程、岩土工程等专业领域的工程技术人员、科技工作者、研究生参考使用。

图书在版编目(C I P)数据

典型条件下冲击地压发生机理与危险辨识方法及应用/
顾士坦等著.—徐州:中国矿业大学出版社,2018.12
ISBN 978-7-5646-4285-3

Ⅰ.①典… Ⅱ.①顾… Ⅲ.①矿山压力—冲击地压—发生机制—研究②矿山压力—冲击地压—安全监测—研究
Ⅳ.①TD324

中国版本图书馆 CIP 数据核字(2018)第297418号

书　　名	典型条件下冲击地压发生机理与危险辨识方法及应用
著　　者	顾士坦　蒋邦友　徐斌　沈建波　詹召伟
责任编辑	杨　洋
出版发行	中国矿业大学出版社有限责任公司
	(江苏省徐州市解放南路　邮编221008)
营销热线	(0516)83885307　83884995
出版服务	(0516)83885767　83884920
网　　址	http://www.cumtp.com　**E-mail**:cumtpvip@cumtp.com
印　　刷	江苏凤凰数码印务有限公司
开　　本	787×1092　1/16　**印张** 7.5　**字数** 200千字
版次印次	2018年12月第1版　2018年12月第1次印刷
定　　价	30.00元

(图书出现印装质量问题,本社负责调换)

前　言

2017 年我国煤炭总产量 34.45 亿 t,约占世界煤炭总产量的 44.6%,是世界第一产煤大国,煤炭总量多年保持世界首位。

由于矿井开采深度逐年增加,深部开采地质环境越来越复杂,以冲击地压为代表的矿井动力灾害的威胁程度急剧增加,严重制约了深部煤炭资源的高效安全开采。东部煤矿开采深度逐年增加,伴随着冲击矿井数量和灾害强度的增加。西部煤矿浅部开采时也发生冲击地压灾害。

冲击地压是矿山采动(采掘工作面)诱发高强度的煤(岩)变形能瞬时释放,在相应采动空间引起强烈围岩震动和挤出的现象,以突然、急剧、猛烈的形式释放煤岩体变形能,造成支架损坏、片帮冒顶、巷道堵塞、伤及人员,具有突发性、瞬时震动性、破坏性、复杂性等特点。

学术界和工程界对煤矿冲击地压发生机理、监测预警及防治等方面进行了深入研究,有效降低了冲击地压的致灾率和危害程度。由于冲击地压灾害的复杂性,直到目前为止,远没有从根本上解决对其有效预测和防治的问题。

冲击危险的监测目前常用的手段有钻屑法、微震法、钻孔应力法、电磁辐射法等,其各有优势。工程现场监测中,往往采用多种手段联合监测,使得各监测手段信息互为补充;多手段联合监测有时也会出现监测信息互相矛盾的情况,这为冲击危险监测准确预警带来了难题。

本书针对褶曲、断层、坚硬顶板、煤柱等典型条件下冲击地压孕育机理复杂、综合监测预警效果较差等问题,通过采用理论推导分析、数值模拟、现场监测等方法,探讨了典型工程地质环境对冲击地压的影响,研究了典型条件下冲击地压灾害的孕育力学机制,通过对构造、断层、坚硬顶板、煤柱等影响区采场煤岩应力场、能量场等演化规律的模拟分析,揭示了典型条件下冲击地压孕育演化规律;提出了典型条件下冲击危险的分段多指标钻屑法、多参量多指标综合预警法、深度神经网络辨识方法以及模糊神经网络辨识方法,并基于现场实际案例进行了典型条件下冲击危险辨识方法与治理的应用分析。本书在冲击地压多手段监测信息有效准确使用和提高冲击危险预警准确率方面进行了有益的探索。

本书的研究工作及出版得到国家"十三五"重点研发计划（2016YFC0801403）、山东省自然科学基金（ZR2018MEE009）、国家自然科学基金（51374140）等的资助。

课题组研究生黄瑞峰、张凯、严超超、胡成成等参与了部分理论分析、数值模拟及智能算法的分析工作，在此表示感谢。本书的研究工作同时也得到济宁矿业集团阳城煤矿、山东能源王楼煤矿、兖州煤业东滩煤矿等有关领导及工程技术人员的帮助，在此一并表示感谢。

因作者水平所限，书中难免存在错误与不足之处，敬请同行专家和读者指正。

作　者

2018 年 9 月

目　　录

1 绪 论

1.1 冲击地压的特点

冲击地压是一种特殊的矿山压力现象,也是煤矿井下复杂动力现象之一,即地下煤层或岩层,由于开采和地质作用引起的煤岩体应力高度集中,积聚大量弹性变形潜能,当应力超过允许的极限状态时,造成瞬间大量弹性能的突然释放,使煤岩体急剧变形破坏和抛出,并发出巨大的声响、震动,造成巷道冒顶、片帮、堵塞,支架折断,设备破坏等情况,严重威胁井下安全生产,是煤矿井下开采过程中严重的灾害之一[1-5]。

一般情况下,冲击地压造成煤岩体破断和裂隙扩展后,将剩余能量以煤岩冲击到巷道形式进一步释放[6-8]。因此冲击地压具有以下特征:

(1)突发性:冲击地压发生前一般没有明显的宏观前兆,相当多的冲击地压是由地质构造带、残留煤柱引发的,发生突然猛烈。但持续时间短暂,难于事先准确预测发生时间、地点和强度。

(2)瞬时震动性:冲击地压发生过程急剧而短暂,伴有巨大的声响、岩体震动和冲击波发生,一般不超过几十秒。

(3)巨大的破坏性:冲击地压发生时,坚硬顶板断裂后瞬间明显下沉,但一般不冒落;有时底板突然开裂鼓起,大量煤体突然破碎并从煤壁高速抛出,堵塞巷道,损坏设备,还可能伴有严重的人员伤亡和巨大的财产损失。

(4)复杂性:在自然地质条件下,采深为 200~1 000 m,地质构造从简单到复杂,煤层厚度从薄层到特厚层,倾角从水平到急斜,顶板包括砂岩、灰岩、油母页岩等,都发生过冲击地压。

1.2 冲击地压的发生现状

目前我国煤矿集中进入深部开采区域。全国已有近 50 个矿井采深超过 1 000 m,山东能源新矿集团孙村煤矿采深已经达到 1 500 m,是目前我国采深最大的煤矿。与此同时,我国煤矿开采强度在逐年增大,2017 年我国煤炭产量达到 34.45 亿 t,是 2000 年产量的 2.55倍。随着煤矿开采深度的增加和强度的增大,我国冲击地压矿井的数量明显增多。1985年,我国冲击地压矿井共 32 对,截至 2016 年底,我国冲击地压矿井数量已达到 167 对,分布在山东、黑龙江、辽宁等近 20 个省(市、自治区)[9]。冲击地压矿井数量增加的同时,冲击地压灾害发生的频度和强度也在明显增加。2008 年 6 月和 2011 年 11 月,义煤集团千秋煤矿发生了 2 起重大冲击地压事故,造成多人伤亡[10]。2012 年以来,山东能源枣矿集团联创公司、山东能源新矿集团孙村煤矿、山东能源肥矿集团梁宝寺煤矿、山东枣庄朝阳矿业公司、阜新矿业集团五龙煤矿、龙煤集团峻德煤矿等均发生了造成多人伤亡的冲击地压事故。冲击地压已成为威胁我国深部煤炭资源开采的主要动力灾害之一[9]。蓝航等[11-12]对我国近年来冲击地压矿井情况的统计分析结果表明:随着我国煤矿采深的日益加大,冲击地压灾害将越来越严重。坚硬厚层顶板条件和断层、褶曲等构造是冲击地压发生的主要地质因素;开采形成的煤柱应力集中和动载是冲击地压发生的主要开采技术因素。

1.3 典型条件下冲击地压分类

(1) 褶曲构造型冲击地压

褶曲构造冲击地压是由褶皱、向斜等地质构造区集聚应力而引起的。现场实践证明,当采掘工作面接近向斜轴部或翼部时,经常有冲击地压、煤炮等动力现象发生[13-15]。煤矿常见的褶皱是通过纵弯作用形成的,即岩层或岩层组在长期水平挤压载荷作用下发生缓慢变形而形成褶皱。褶皱形成后,各部位的受力状态有较大差异。

根据陈国祥[16-17]、王玉刚[18]的模拟结果,向斜、背斜内弧的波谷和波峰部位呈现水平压应力集中,向斜、背斜外弧的波谷和波峰部位呈现拉应力集中,翼部呈现压应力集中。另外,由于褶皱是受水平挤压应力形成的,褶皱区岩体内部将存有残余应力和弹性能。弹性能的进一步释放,也是引发冲击地压的一个重要因素。

(2) 断层型冲击地压

断层冲击地压是指井田范围内的断层由于采矿活动而引起突然相对错动并猛烈释放能量的现象[19]。断层构造带直接或间接地控制着采掘工作面冲击地压的发生,冲击地压的空间分布明显受控于区域内大的断裂构造[20-21]。当采掘工作面临近断层时,工作面或巷道发生冲击地压的概率将明显增加。与一般冲击地压相比,断层冲击地压破坏性更强、影响范围更大[22]。

(3) 坚硬顶板控制型冲击地压

坚硬顶板冲击地压是指由于顶板坚硬不能及时垮落,大面积悬顶而导致应力和能量积聚而引起的冲击地压[23]。开采具有巨厚坚硬顶板的煤层,由于顶板岩层具有较好的储能条件(岩体坚硬、致密、完整性好、岩层厚、悬顶距离大等),极易发生冲击地压[24-30]。

(4) 煤柱型冲击地压

煤柱冲击地压是指由于人为留设的不合理煤柱中积聚应力和能量后而引起的冲击地压[31-33]。煤柱冲击地压的发生与作用在煤柱上的力密切相关,开采过程中在煤柱两侧形成采空区,侧向支承压力作用于煤柱上,在煤柱上形成2个减压区和2个应力集中区。2个应力集中区形成2个冲击地压高危险区,如果煤柱宽度不合理,这2个应力集中区有可能叠加,使得冲击危险性更加突出。作用在煤柱高冲击危险区煤岩体上的强剪切力使煤柱失稳破坏诱发冲击地压,煤柱中高应力集中区的存在是诱发煤柱冲击地压的根本原因[34]。

1.4 冲击地压防治技术

1.4.1 区域防治技术

目前区域性防治技术主要包括采用合理的开拓布置和开采方式、开采保护层、煤层预注水、厚层坚硬顶板预处理等。采用合理的开拓布置、开采方式,可避免形成高应力集中和能量积聚,从而对冲击地压的预防起到重要作用;开采保护层是从设计阶段上考虑煤层的协调开采,先开采没有冲击地压的煤层,对有冲击危险的煤层起到卸压、释放冲击能量的作用;煤层预注水能够改变煤的物理力学特性,煤层被水湿润后,煤体强度下降,集中程度降低,因而降低了煤层冲击倾向性;在受到采动影响条件下,厚层坚硬顶板能将积聚在其中的弹性能以急剧、猛烈的方式释放出来,从而形成动载,诱发冲击地压或矿震[9],因此对厚层坚硬顶板的预处理是必要的,目前较为有效的处理办法是顶板注水软化和爆破断顶。

1.4.2 局部防治技术

采用合理的开采顺序、开采保护层等区域性防治措施,是防治冲击地压最有效的长期的措施。但由于煤层开采中生产地质条件极为复杂,不可避免地会形成局部煤层地段的高应力集中和冲击地压危险,所以必须通过局部防治技术对已形成冲击危险或具有潜在冲击危险的局部地段进行处理,局部措施包括钻孔卸压、卸压爆破和诱发爆破等。

钻孔卸压是通过在支承压力区煤体内钻进大直径钻孔,排除钻孔周围破碎区煤体变形及破坏所产生的大量煤粉,使钻孔周围破碎区及裂隙区扩大,煤体变形模量下降,高应力向前方转移,瓦斯大量排放,从而收到解除冲击或突出危险的效果。

卸压爆破是对具有冲击危险的局部区域,用爆破的方式减缓其应力集中程度。工作面开采期间,可对工作面煤体进行超前松动爆破和卸压爆破。松动爆破是一种超前治理措施,卸压爆破是一种被动卸压治理措施,当监测到有冲击危险后应立即实施卸压爆破。

诱发爆破是在监测到有冲击危险的情况下利用较多药量进行爆破,人为诱发冲击地压,使冲击地压发生在一定的时间和地点,从而避免更大损害。实行诱发爆破一般多用于煤柱回收时,与钻屑法监测孔配合互用。

2 典型工程地质环境对冲击地压的影响分析

2.1 典型地质构造对冲击地压的影响

2.1.1 典型地质构造基本表现形式

地质构造是地壳或岩石圈各个组成部分的形态及其相互结合方式和面貌特征的总称。它是地球在内、外应力场作用下，岩层或岩体因发生变形或位移而遗留下来的各种构造形迹，其表现形式多种多样。

在一定范围内，地质构造通常可归纳为单斜构造、褶曲构造和断裂构造三种基本类型。其中，单斜构造是一系列岩层大致向同一方向倾斜的构造形态，在较大的范围内，它往往是褶曲的一翼或断层的一盘，如图 2-1 所示。

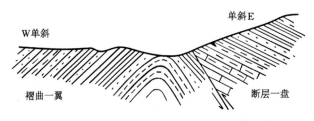

图 2-1　单斜、褶曲和断裂构造

褶曲构造是岩石发生塑性变形而产生的连续弯曲的各种构造形态，其空间形态多种多样，如直立褶曲、斜歪褶曲、倒转褶曲等，但褶曲的基本类型只有两种——背斜和向斜。断裂构造是脆性岩石变形后的产物，是岩石圈中最重要的地质构造类型。断层和节理同属于断裂构造，就力学成因而言，两者不存在本质差别，唯一的区别就是规模。由于节理可以看作零落差的断层，因此，断层是节理进一步运动的结果。

地质构造的最基本表现形式为褶曲构造和断裂构造，褶曲构造又分为背斜和向斜，断裂构造可分为节理和断层两类。

2.1.2 褶曲构造的基本特征

由于构造运动等地质作用的影响，岩层会发生塑性变形并产生一系列波状弯曲，称为褶皱构造(图 2-2)。褶皱形态多种多样，规模大小悬殊。褶皱中的一个弯曲称为褶曲，褶曲是褶皱的基本单位，而褶皱是由若干个褶曲组合而成的。

褶曲的基本类型有两种——背斜和向斜，如图 2-3 所示。

背斜的形态是岩层向上拱的弯曲，其两翼岩层一般相对倾斜，经剥蚀后出露于地表时，其核部相对为老地层，两翼依次相对变新并对称重复排列分布的新地层。

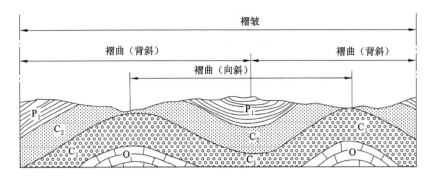

图 2-2　褶皱与褶曲剖面示意图

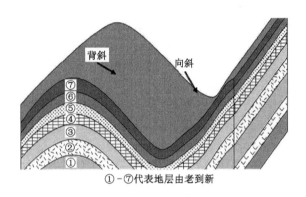

①-⑦代表地层由老到新

图 2-3　褶曲基本类型示意图

向斜是岩层向下凹的弯曲的形态,其两翼岩层一般相向倾斜。经剥蚀后出露于地表时,其核部相对为新地层,两翼依次相对变老并对称重复排列分布的老地层。

2.1.3　断层构造的基本特征

当长期作用在岩层上的构造应力达到或超过岩石的强度极限时将发生变形造成破裂和错动,使岩层的连续完整性受到破坏,它们的产物总称为断裂构造,如图 2-4 所示。断裂两侧的岩层或岩体沿破裂面断开,但没有发生明显的相对位移的断裂构造称为节理,又称为裂隙。

(a)　　　　　　　　　　　　　(b)

图 2-4　断裂构造地貌实景

(a) 节理构造;(b) 断层构造

断层是指断裂两侧的岩层或岩体沿破裂面断开,并发生明显的相对位移的断裂构造,如图 2-4(b)所示。相比节理裂隙,断层构造对冲击地压的发生影响更大。

2.1.4 地质构造对冲击地压灾害的影响

实践证明,冲击地压危害经常发生在向斜轴部,特别是构造变化区、断层附近、煤层倾角变化带、煤层褶曲、构造应力带等。当巷道接近断层或向斜轴部区域时,冲击地压危害发生的次数明显上升,而且强度加大[13]。

图 2-5 为冲击地压次数与巷道距断层距离之间的关系。

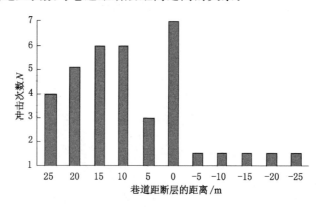

图 2-5 冲击地压次数与巷道距断层距离之间的关系

断层使工作面两巷需要通过卧底或者挑顶方法过断层,将导致两巷过断层区域应力的显著集中,从而增加工作面两巷侧的冲击地压危险,并且由于掘进而诱发附近及境内小断层的活化也将是工作面发生冲击的重大潜在威胁。

褶皱是岩层或岩层组合在顺层作用的水平载荷挤压作用下发生缓慢变形的结果。当巷道接近向斜轴部区域时,冲击地压危害发生的次数明显上升,而且强度加大,褶皱区域冲击地压危险分布规律如图 2-6 所示。

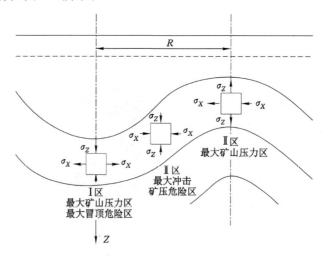

图 2-6 褶皱区域冲击地压危险分布规律

①Ⅰ区——褶曲向斜,垂直为压力,水平为拉应力,最易出现冒顶和冲击地压;

②Ⅱ区——褶曲翼,垂直和水平均为压应力,最易出现冲击地压;

③Ⅲ区——褶曲背斜,垂直拉力,水平压应力,最大矿山压力区域。

2.2　坚硬顶板条件对冲击地压的影响

2.2.1　坚硬顶板的特点

坚硬顶板是指直接赋存于煤层之上或赋存在较薄的煤层直接顶上、厚度大、整体性强、节理不发育、承载能力以及强岩石强度和弹性模量高的顶板。

煤层开采后此类顶板能在采空区上方大面积、长时间悬露而不垮落。随工作面推采和悬空区面积的增大采场坚硬顶板发生破断或滑移失稳,突然释放大量的弹性能,形成顶板强烈震动,相当部分释放的能量输入工作面支架—围岩系统,导致工作面煤壁与巷壁附近煤体应力超限,诱发顶板型或顶板—煤层型冲击地压。

2.2.2　坚硬顶板的破断特征

顶板的破断形态对其运动成灾有着重要影响,在坚硬顶板破断模型研究方面,钱鸣高院士建立了理想条件下的采场坚硬顶板破断形态模型,认为坚硬顶板由于其自身岩层结构物理特性,理想情况下采场坚硬顶板破断形态为"OX"形,如图 2-7 所示。坚硬顶板初次垮落后,随着工作面继续向前推进在采空区形成悬顶,当悬顶跨度达到极限时坚硬顶板发生破断,周而复始,如图 2-7(b)所示。坚硬顶板破断迹线为半椭圆形,在工作面中部超前位置顶板最先破裂且工作面中部顶板破断位置距离煤壁最远。这种坚硬顶板的"OX"形破断形式不易形成平衡结构,使得顶板运动时的速度非常大,储存的动能非常大,对采场围岩及支架的冲击很大,容易诱发冲击地压。

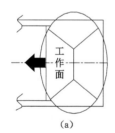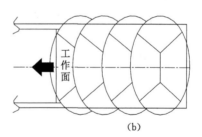

图 2-7　坚硬顶板"OX"形破断形式

(a)初次垮落;(b)周期性垮落

2.2.3　坚硬顶板条件对冲击地压的影响

煤层上方坚硬厚层砂岩顶板条件是影响冲击地压发生的主要因素之一,其主要原因是坚硬厚层砂岩顶板容易聚积大量的弹性能,在坚硬顶板破断或滑移过程中,大量的弹性能突然释放形成强烈震动,导致顶板煤层型(冲击压力型)冲击地压或顶板型(冲击型)冲击地压的发生。根据研究,影响冲击地压发生的岩层为煤层上方 100 m 范围内的岩层,其中岩体强度大、厚度大的砂岩层起主要作用。厚度越大的坚硬岩层越不易冒落,形成的跨距(悬顶)值也就越大,积聚能量占总能量的比例很大,所以厚度大的坚硬岩层顶板一旦破断,诱发冲击地压的可能性就很大。此外,坚硬顶板破断时大量的弹性能突然释放易形成强烈矿震,达到一定的震动及破坏程度时,也就会形成冲击危害。

坚硬顶板对冲击地压的影响主要发生在顶板初次和周期断裂期间。在顶板初次和周期断裂期间工作面附近煤体应力将会产生明显变化,这种煤体应力的变化一方面是顶板悬顶长度达到极限,对煤体施加的夹持力增大造成的,另一方面在坚硬厚层顶板岩层发生断裂时产生的较强震动也可引起煤体应力的变化。一般情况下,在顶板来压期间,煤体的冲击危险性会有所升高,此间,煤体可在高夹持应力作用下发生破坏,聚集的能量突然释放形成冲击地压,也可以是处于较高应力状态的煤体在坚硬厚层顶板岩层突然破断产生的强烈震动作用下发生冲击破坏,两种情况如图 2-8 所示。

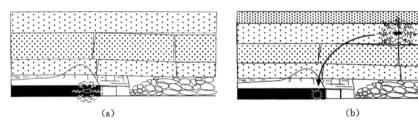

(a)   (b)

图 2-8　顶板活动的影响冲击地压的两种情况
(a)煤层高应力诱发冲击;(b)顶板活动诱发冲击

长期的生产实践经验表明:煤层顶板 100 m 范围内存在厚度≥10 m、抗压强度≥50 MPa 的坚硬厚岩层,易储存大量弹性能,会给工作面的生产带来一定的冲击危险性,且工作面上方厚度越大的坚硬岩层越不易冒落,形成的悬顶越大,形成的悬露面积也会越大,从而积累越多的弹性能,增加工作面的冲击危险。

2.3　煤柱对冲击地压的影响

煤柱是产生应力集中的地点,孤岛形和半岛形煤柱可能受几个方向集中应力的叠加作用,使得煤柱附近煤体应力集中程度大,因而在煤柱附近最易发生冲击地压,如图 2-9 所示[35]。由于煤层和围岩的结构不同,煤柱宽度和埋藏深度不同,煤柱自身的应力要比原始应力大好几倍。最大应力多数出现在靠近煤柱边缘部位,距边缘 10~30 m。据统计,大约 60%的冲击地压与邻近煤层采空区中遗留煤柱或本层遗留煤柱有关。

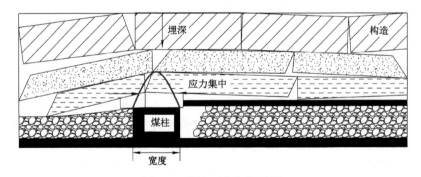

图 2-9　煤柱型冲击模型[35]

井下煤炭开采过程中遗留煤柱对冲击地压的影响主要体现在以下三个方面：

（1）煤柱易产生较高的应力集中

煤柱的应力状态与地质条件和采掘扰动联系密切，尤其是工作面的回采导致煤柱应力增大，超前支承压力和侧向支承压力叠加导致应力集中，当煤柱所受应力大于煤柱体强度值时煤柱就存在失稳的危险，此时受到动压影响极易发生冲击地压。

（2）煤柱易产生能量积聚

受上覆岩层回转下沉运动及覆岩载荷传递的影响，煤柱被夹持在顶底板之间，积聚了大量弹性应变能，当煤柱体内积聚的弹性能超过煤柱的储能极限时，煤柱易发生失稳破坏，同时释放大量弹性能，诱发冲击地压。

（3）煤柱整体突变失稳

按照煤体的变形破坏程度将煤柱划分为破碎区、塑性区和弹性区，其中破碎区裂隙大量发育，变形量大；塑性区承载能力较低，裂隙发育；弹性区煤体完整呈弹性变形，是弹性能积聚的主要区域，是煤柱主要的承载区。受开采扰动的影响，煤柱边缘塑性区范围逐渐扩大，导致煤柱承载能力逐渐降低，煤柱缓慢或突然瞬时整体失稳易诱发煤柱型冲击地压。

3 典型条件下冲击地压孕育力学机制

3.1 褶曲构造诱发冲击地压力学机制

在深部环境中,构造应力一般为最大主应力,方向一般与水平方向或煤层倾向呈一定夹角,严重影响巷道的合理布置和煤矿安全生产。张国胜[36]研究了鄂东南地区燕山期构造的成因机制及特征,认为区内燕山期构造北北东向隆拗相间构造带是在南北向力偶的作用下形成的,在隆起区形成了同沉积的大型鼻状背斜、北北东向断裂带以及次级褶皱、断裂。章程[37]研究了广西河池五圩矿井田构造应力场及力源,结果表明,该矿田印支期褶皱及断层等地质构造是在古特提斯板块向北俯冲与江南古陆向南推移形成的 SN 向顺时针区域力偶作用下形成的。王启亮[38]在对太原向斜构造形迹进行了分析,结果表明:太原向斜构造由东山背斜、西山向斜和太原断陷组成,主体构造,即东山背斜、西山向斜以及相伴生的南北向褶曲等都是在中生代晚期北东—南西向右旋力偶作用下形成的。因此,褶皱的形成与构造应力的关系密不可分,在构造运动中形成的力偶是促使其发育的关键因素。

3.1.1 Winkler 弹性地基模型

文克尔(E. Winkler)弹性地基模型是捷克斯洛伐克工程师文克尔于 1967 年在计算铁路路轨时提出的一种假设,他认为地基表面任一点的压力 p 与该点的位移 w 成正比,即:

$$p = kw \tag{3-1}$$

式中 k——地基机床系数或地基反力系数,其量纲为 $[力][长度]^{-3}$。

这个假设实际上是把地基模拟为刚性支座上一系列独立的弹簧。当地基表面上某一点受压力 p 时,由于弹簧是彼此独立的,故只在该点局部产生沉陷 w,而在其他地方不产生任何沉陷。

3.1.2 构造应力影响下褶皱成因力学分析

采矿工程中,煤层处于覆岩大结构之中,其上部受上覆岩层重力所形成的均布载荷作用,下部则为随其共同变形的底板,与覆岩相比,煤层厚度极小,因此,煤层可等效为弹性地基上受均布载荷的无限长梁。考虑到褶皱的形成机制,可将构造应力等效为一集中力偶。单一力偶作用下褶皱力学模型如图 3-1 所示,对该模型截取微段 $\mathrm{d}x$,其受力分析如图 3-2 所示。

取梁的宽度为 1,由图 3-2 微段 $\mathrm{d}x$ 的平衡关系可得:

$$\begin{cases} \sum F_{\mathrm{w}} = 0 \Rightarrow F_{\mathrm{s}} + \mathrm{d}F_{\mathrm{s}} + p\mathrm{d}x = 0 \\ \sum M = 0 \Rightarrow M - M - \mathrm{d}M + (F_{\mathrm{s}} + \mathrm{d}F_{\mathrm{s}})\mathrm{d}x + p\dfrac{\mathrm{d}x^2}{2} - q\dfrac{\mathrm{d}x^2}{2} = 0 \end{cases} \tag{3-2}$$

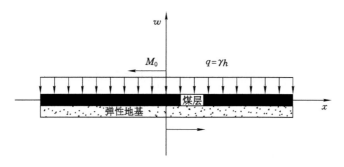

图 3-1　单一力偶作用下褶皱成因示意图

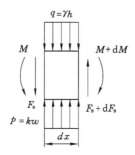

图 3-2　微段 $\mathrm{d}x$ 受力分析图

整理并略去二阶微量可得：

$$\begin{cases} \dfrac{\mathrm{d}F_\mathrm{s}}{\mathrm{d}x} = q - p \\[3mm] \dfrac{\mathrm{d}M}{\mathrm{d}x} = F_\mathrm{s} \end{cases} \tag{3-3}$$

由材料力学可知：

$$EI\,\frac{\mathrm{d}^2 w}{\mathrm{d}x^2} = M \tag{3-4}$$

由模型所处力学环境及 Winkler 弹性地基模型可知：

$$\begin{cases} q = \gamma h \\ p = kw \end{cases} \tag{3-5}$$

综合式(3-3)、式(3-4)和式(3-5)，可得：

$$EI\,\frac{\mathrm{d}^4 w}{\mathrm{d}x^4} + kw = \gamma h \tag{3-6}$$

此时，方程式(3-6)为常系数非齐次四阶微分方程，要想求其通解，必先求相应其次方程通解，即求

$$EI\,\frac{\mathrm{d}^4 w}{\mathrm{d}x^4} + kw = 0 \tag{3-7}$$

的通解。

式(3-7)的特征方程可表示为 $EI\lambda^4 + k = 0$，其特征值为：

$$\lambda^4 = -\frac{k}{EI} = \frac{k}{EI}(\cos \pi + i\sin \pi) \tag{3-8}$$

由复数开方根公式可得：

$$\lambda_n = \sqrt[4]{\frac{k}{EI}}(\cos\frac{\pi+2n\pi}{4}+i\sin\frac{\pi+2n\pi}{4}) \quad (n=0,1,2,3) \tag{3-9}$$

将 $n=0,1,2,3$ 分别代入方程式(3-9)，得出两对共轭复根，对该复根进行组合可得方程式(3-7)通解，即：

$$w=e^{\alpha x}(A\cos\alpha x+B\sin\alpha x)+e^{-\alpha x}(C\cos\alpha x+D\sin\alpha x) \tag{3-10}$$

式中，α 为特征系数且有：

$$\alpha=\sqrt[4]{\frac{k}{4EI}} \tag{3-11}$$

3.1.2.1 单一力偶作用下背斜构造成因理论解

不难看出，图 3-1 右半部分将形成背斜构造，即当 $x\in[0,+\infty)$ 时，受到构造力偶的作用，将使得模型右半部分向上隆起，形成背斜。

若用 $w_0(x)$ 表示特解，则式(3-6)的通解[39]为：

$$w=e^{\alpha x}(A\cos\alpha x+B\sin\alpha x)+e^{-\alpha x}(C\cos\alpha x+D\sin\alpha x)+w_0(x) \tag{3-12}$$

下面采用叠加法计算模型[式(3-1)]理论解。当无限长梁只受均布载荷影响时，由静力平衡关系[40]可知：

$$p=q=\gamma h=kw_0(x) \tag{3-13}$$

因此，特解项 $w_0(x)$ 可以表示为 $\frac{\gamma h}{k}$，于是无限长梁只受均布载荷时挠度方程可以写为：

$$w_1=e^{\alpha x}(A_1\cos\alpha x+B_1\sin\alpha x)+e^{-\alpha x}(C_1\cos\alpha x+D_1\sin\alpha x)+\frac{\gamma h}{k} \tag{3-14}$$

由图 3-1 所示梁的自然边界条件和连续变形条件可知：$w_1|_{x\to+\infty}=\frac{\gamma h}{k}$、$w_1|_{x=0}=\frac{\gamma h}{k}$、

$\frac{dw_1}{dx}|_{x=0}=0$，由此可以分别解得：$A_1=B_1=0$、$C_1=0$、$D_1=0$，将其代入式(3-14)可以求得：

$$w_1=\frac{\gamma h}{k} \tag{3-15}$$

由材料力学可知：

$$\begin{cases} \theta=\dfrac{dw}{dx} \\[2mm] M=EI\dfrac{d^2w}{dx^2} \\[2mm] F_s=EI\dfrac{d^3w}{dx^3} \end{cases} \tag{3-16}$$

综合式(3-4)、式(3-15)和式(3-16)，得：

$$\theta_1=0 \tag{3-17}$$

$$M_1=0 \tag{3-18}$$

$$F_{s1}=0 \tag{3-19}$$

当无限长梁只受集中力偶 M_0 影响时，该无限长梁挠度方程通解可表示为：

$$w_2=e^{\alpha x}(A_2\cos\alpha x+B_2\sin\alpha x)+e^{-\alpha x}(C_2\cos\alpha x+D_2\sin\alpha x) \tag{3-20}$$

由图 3-1 所示梁的自然边界条件及连续条件可知：$w_2(+\infty)=0$、$w|_{x=0}=0$、$M|_{x=0}=\dfrac{M_0}{2}$，由此可以分别解出：$A_2=B_2=0$、$C_2=0$、$D_2=\dfrac{M_0\alpha^2}{k}$，将其代入式（3-20）可得无限长梁只受集中力偶时的挠度方程：

$$w_2=\frac{M_0\alpha^2}{k}e^{-\alpha x}\sin\alpha x \tag{3-21}$$

综合式（3-4）、式（3-16）和式（3-21），得：

$$\theta_2=\frac{M_0}{k}\alpha^3 e^{-\alpha x}(\cos\alpha x-\sin\alpha x) \tag{3-22}$$

$$M_2=-\frac{M_0}{2}e^{-\alpha x}\cos\alpha x \tag{3-23}$$

$$F_{s2}=\frac{\alpha M_0}{2}e^{-\alpha x}(\cos\alpha x+\sin\alpha x) \tag{3-24}$$

由叠加原理，综合式（3-15）、式（3-17）、式（3-18）、式（3-19）、式（3-21）、式（3-22）、式（3-23）及式（3-24）可得图 3-1 所示力学模型解析解。

$$w_b=\frac{M_0\alpha^2}{k}e^{-\alpha x}\sin\alpha x+\frac{\gamma h}{k} \tag{3-25}$$

$$\theta_b=\theta_2 \tag{3-26}$$

$$M_b=M_2 \tag{3-27}$$

$$F_{sb}=F_{s2} \tag{3-28}$$

由材料力学可知，截取梁某一微段 dx，其应变能可表示为：

$$dV_\varepsilon=\frac{M^2(x)dx}{2EI} \tag{3-29}$$

综合式（3-27）、式（3-29）可得背斜某微段应变能表达式为：

$$dV_\varepsilon=\left(\frac{M_0^2 e^{-2\alpha x}\cos^2\alpha x}{8EI}\right)dx \tag{3-30}$$

微段 dx 内应变能与该处弯矩及所处位置关系密切，且受构造力偶 M_0 及抗弯截面刚度 EI 综合作用。构造力偶越大，抗弯刚度越小，则微段 dx 处应变能越大，若该处能量发生瞬时释放，则极易诱发冲击地压。

3.1.2.2　单一力偶作用下向斜构造成因理论解

受到构造力偶的影响，图 3-1 左半部分将向下凹陷，即当 $x\in(-\infty,0]$ 时，模型 x 轴左端将形成向斜。

背斜构造与向斜构造的不同点在于 x 的取值范围不同，根据对背斜构造的求解过程，将很方便地得到向斜构造理论解，此处不再赘述，仅将解析解表达式列于下方。

$$w_x=\frac{M_0\alpha^2}{k}e^{\alpha x}\sin\alpha x+\frac{\gamma h}{k} \tag{3-31}$$

$$\theta_x=\frac{M_0}{k}\alpha^3 e^{\alpha x}(\cos\alpha x-\sin\alpha x) \tag{3-32}$$

$$M_x=-\frac{M_0}{2}e^{\alpha x}\cos\alpha x \tag{3-33}$$

$$F_{sx} = \frac{\alpha M_0}{2} e^{\alpha x} (\cos \alpha x + \sin \alpha x) \tag{3-34}$$

同样,由式(3-29)和式(3-33)可推出向斜构造不同位置处弯曲应变能微分方程,此处不再赘述。

影响褶曲构造挠度的因素主要包括构造应力、地基刚度、抗弯截面刚度、埋深及上覆岩层容重,影响褶曲弯矩的主要因素有构造应力、抗弯截面刚度和地基刚度。

3.1.3 算例分析

取煤层厚度 8 m,煤层弹性模量取 $E = 3.38$ GPa,则 $EI = 144.21 \times 10^9$ N·m²;地基刚度 k 分别取 5 GPa、10 GPa 及 15 GPa,根据式(3-11),相应特征系数 α 取 0.305、0.363 及 0.402;岩层容重 γ 取 25 kN/m³,埋深 H 取 800 m;构造应力集中系数分别取 1、2 及 3,即构造力偶 M_0 分别取 160×10^6 N·m、320×10^6 N·m 及 480×10^6 N·m。依据上述取值,研究了各参数变化对于褶曲的影响。

3.1.3.1 构造力偶及地基刚度对背斜挠度的影响

(1) 不同构造力偶影响下褶曲挠度变化

图 3-3 表示地基刚度 $K = 5$ GPa、埋深 $H = 800$ m 时不同力偶影响下背斜的挠度曲线。

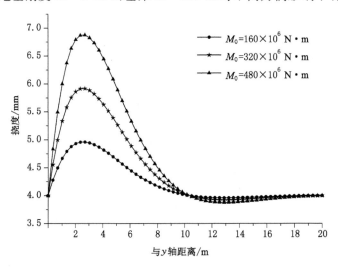

图 3-3 构造力偶影响下背斜挠曲线

由图 3-3 可知,挠度值即背斜的隆起程度,与构造应力关系密切,构造应力越大,挠度值越大,背斜隆起程度越高。在实际采掘作业过程中,较高的背斜隆起增加了工作面倾角,对于巷道布置不利,且给采掘工作面运输、布线及回采造成严重的困难。不仅如此,背斜隆起高低是反映构造应力大小的直观参数,相同埋深和岩性条件下,背斜隆起越高,构造应力越大;在不同深度下遇到岩性及隆起高度相同的背斜,冲击危险程度大不相同,相同隆起高度下,深部背斜冲击危险较浅部为大。

(2) 不同地基刚度影响下背斜挠度变化

构造力偶 $M_0 = 480 \times 10^6$ N·m、埋深 $H = 800$ m 时不同地基刚度影响下背斜挠曲线如图 3-4 所示。

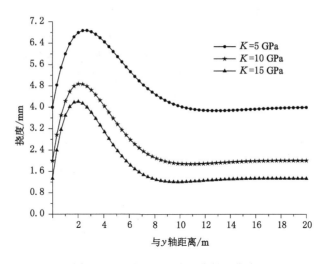

图 3-4   地基刚度影响下背斜挠曲线

由图 3-4 可知,地基刚度对于煤层挠度影响较大,相同构造应力和埋深条件下,地基刚度越大,挠度越小,所形成的背斜隆起越小。

不难发现,煤系地层中有关键层存在时,关键层刚度越大,越不利于背斜的形成。当煤矿生产过程中发现背斜构造上部或者下部具有厚硬关键层时,在采掘过程中应加以足够重视,这部分关键层一般蕴含较大的能量,一旦失稳,诱发冲击地压危险可能性较大。

3.1.3.2   构造力偶及地基刚度对背斜弯矩的影响

由式(3-23)及式(3-27)可知,背斜弯矩与构造力偶、地基刚度和抗弯截面刚度相关,利用 Origin 软件函数及绘图功能对不同取值条件下背斜弯矩曲线进行了绘制,如图 3-5 和图 3-6 所示。

(1) 不同构造力偶影响下背斜弯矩变化

地基刚度 $K = 5$ GPa 时不同构造力偶影响下背斜弯矩曲线如图 3-5 所示。

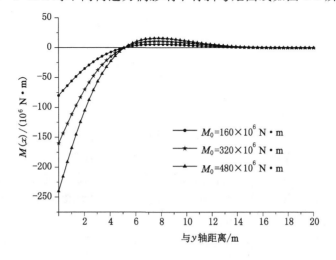

图 3-5   构造力偶影响下背斜弯矩曲线

由图 3-5 可知:① 背斜弯矩与构造力偶关系密切,地基刚度相同情况下,随着构造力偶的增大,背斜弯矩峰值成比例增加;② 构造力偶越大,弯矩下降速度越快。

结合式(3-29)、式(3-30)可知:① 能量密度峰值在构造力偶作用位置,即背斜翼部;② 构造力偶越大,能量密度降低速度越快,能量分布越不均衡。

当工作面推向背斜翼部时,受到翼部高能量及采动影响,采掘工作面前方支承压力与背斜翼部高构造应力发生叠加,冲击危险大大增加。现场实际采掘作业中,在背斜翼部经常发生冲击地压、矿震及失稳现象,背斜翼部冲击危险较轴部高就是这个原因造成的。

（2）不同地基刚度影响下背斜弯矩变化

构造力偶 $M_0 = 480 \times 10^6$ N·m 时不同地基刚度影响下背斜弯矩曲线如图 3-6 所示。

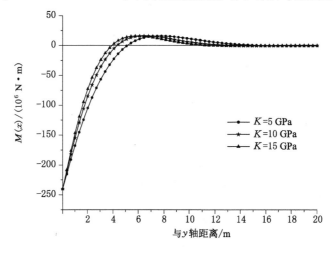

图 3-6　地基刚度影响下背斜弯矩曲线

由图 3-6 可知:① 相同构造力偶影响下,背斜弯矩对于地基刚度变化较为敏感;② 背斜弯矩峰值在构造力偶作用位置处,随着与 y 轴距离的增加,弯矩逐渐变小,地基刚度越大,弯矩较低速度越快。

结合式(3-29)、式(3-30)可知,相同岩性条件下,弯矩较大的地方,能量密度较高,由此可知,背斜翼部能量密度较高。当采掘工作面推到该区域时,受到采动的影响,该区域所贮存的弹性能很可能突然释放,诱发冲击地压危险,这与现场实际是一致的。

3.1.3.3　构造力偶及地基刚度对向斜挠度的影响

（1）不同构造力偶影响下向斜挠度变化

图 3-7 表示地基刚度 $K = 5$ GPa、埋深 $H = 800$ m 时不同力偶影响下向斜的挠度曲线。

由图 3-7 可知,与背斜构造相似,向斜构造对于构造力偶的变化极为敏感,岩性及埋深相同的情况下,随着构造力偶的增加,向斜凹陷程度增大。向斜凹陷程度及翼部倾角大小直接反映构造应力大小,构造应力增大时,两者都增大,构造应力降低时,两者皆减小。

（2）不同地基刚度影响下向斜挠度变化

构造力偶 $M_0 = 480 \times 10^6$ N·m、埋深 $H = 800$ m 时不同地基刚度影响下向斜挠曲线如图 3-8 所示。

由图 3-8 可知,工作面埋深及构造力偶相同的情况下,随着地基刚度的增加,向斜挠度

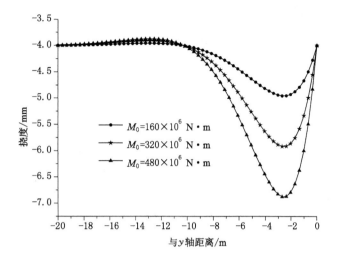

图 3-7　构造力偶影响下向斜挠曲线

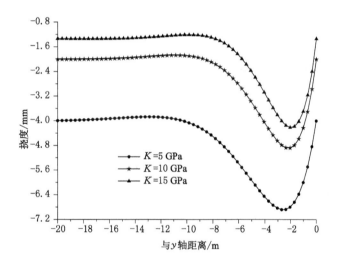

图 3-8　地基刚度影响下向斜挠度曲线

减小,即向斜凹陷程度降低。

　　地基刚度的增加使得向斜较难形成,在采掘过程中,若发现向斜上部或者下部具有厚硬关键层,应加以高度重视。与背斜构造不同的是,该处不仅构造应力较高,而且可能是承压水和瓦斯异常带,在采掘过程中应加强地质勘探,将治冲、瓦斯及水相结合。否则,受到采动影响,该处高构造应力与采动应力发生叠加,很可能诱发冲击地压与水灾共同发生。

3.1.3.4　构造力偶及地基刚度对向斜弯矩的影响

　　(1) 不同构造力偶影响下背斜弯矩变化

　　地基刚度 $K=5$ GPa 时不同构造力偶影响下背斜弯矩曲线如图 3-9 所示。

　　由图 3-9 可知:① 煤层弯矩对于构造力偶的变化极为敏感;② 相同地基刚度下,随着构造力偶的增加,煤层弯矩峰值逐渐增大。

　　(2) 不同地基刚度影响下向斜弯矩变化

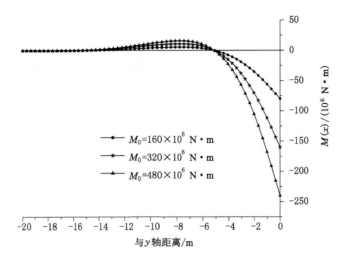

图 3-9　构造力偶影响下向斜弯矩曲线

构造力偶 $M_0 = 480 \times 10^6$ N·m 时不同地基刚度影响下背斜弯矩曲线如图 3-10 所示。

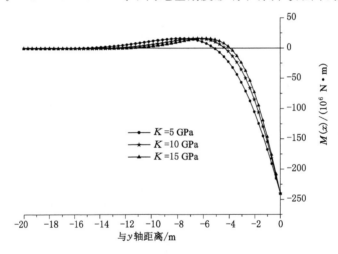

图 3-10　地基刚度影响下向斜弯矩曲线

由图 3-10 可知,构造力偶相同时:① 构造力偶峰值在向斜与背斜的过渡位置;② 随着地基刚度的增大,向斜弯矩下降速度增快。

结合式(3-29),向斜构造翼部能量密度较大,冲击危险性较高,这与背斜构造相一致。然而在实际采掘过程中,发生在向斜轴部的冲击地压灾害,不论是频度还是破坏程度都较两翼大,这主要是以下各因素综合作用的结果:① 向斜轴部独特的应力环境,轴部内弧各向都受到弯曲压应力的作用,积聚了大量的弹性应变能;② 向斜轴部是倾角变化带及煤层变薄带,应力较为集中;③ 向斜构造内部可能赋存承压水,承压区岩层应力较高;④ 采掘形成的采动应力与轴部构造应力叠加;⑤ 构造力偶作用在轴部倾角变化带结构面时引发的结构面滑移失稳。这些因素都对向斜的稳定性不利,受到这些因素及采掘的综合作用,轴部冲击危险极高。

3.1.4　褶曲构造对冲击地压的影响

褶皱构造主要是受水平构造应力影响产生和发展的,因此采场或巷道在褶曲构造带中主要受到水平应力的影响。巷道在很大的水平挤压应力作用下,其顶板与底板岩层承受水平构造应力的作用,而巷道两帮的围岩由于解除了应力,处于弹性恢复状态。构造应力主要引起巷道的顶底板岩层的挤压屈曲破坏,这是褶皱附近发生冲击地压以顶板下沉和底鼓为主的重要力学原因。

如图 3-11 所示,梁在自重作用下弯曲变形,轴向压力(水平构造应力)N 在梁的各个截面上产生一个弯矩 W_N。这个弯矩作用,将使梁的弯曲在原有基础上加剧,而且梁变形厚 W_N 又将产生新的弯曲变形。如果 N 不大,弯曲变形很小,影响不大。当轴向压力 N 达到一定限度后,由 N 所产生的弯曲变形将是一个恶性循环,梁将无法达到新的平衡状态而导致破坏,这就是顶板岩层的屈曲破坏。

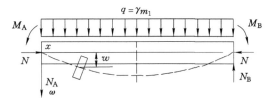

图 3-11　水平构造应力诱发顶板变冲击模型

在 N 及自重作用下,梁的弯曲变形方程为:

$$\frac{\mathrm{d}^2 w}{\mathrm{d}x^2} = -\frac{M_x}{EJ} \tag{3-35}$$

式中,

$$M_x = N_A x - M_A - \frac{1}{2}qx^2 + Nw = \frac{qlx}{2} - \frac{ql^2}{12} - \frac{1}{2}qx^2 + Nw \tag{3-36}$$

最后得到水平构造应力与顶板岩层变形关系,如图 3-12 所示。

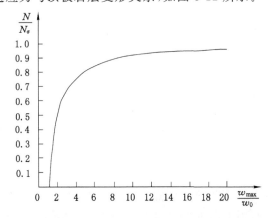

图 3-12　水平构造应力与顶板岩层变形关系曲线

当 $N/N_{\min} > 0.8$ 时,$w_{\max}/w_0$ 几乎呈直线增加,最后趋于无穷大。当顶板岩层所受水平应力 $N > 0.8 N_{\min}$ 时,顶板下沉明显增大,严重时产生冒落,可能导致顶板型冲击地压发生。

3.2　断层滑移诱发冲击地压力学机制

断层冲击地压是指由于采矿活动引起断层的突然相对错动而猛烈释放能量的现象,是断层带与上下盘围岩系统的变形失稳过程。释放能量多、震级高、破坏性强是断层冲击地压的主要特点。

断层和围岩的上下盘组合为一个变形系统。在未开采前,断层带介质和上下盘岩体处于静平衡状态。煤层开采后形成附加剪应力,在附加剪应力和原有剪应力共同作用下,断层带岩石发生变形。当开采面距断层较远时,附加剪应力较小,此时断层带岩石应力值仍小于其强度值,处于稳定状态。工作面继续推进,工作面距断层距离减小,附加剪应力增大。当附加剪应力和原有剪应力之和大于峰值强度时,断层带岩石处于非稳定状态,而上下盘围岩还处于稳定状态。这样整个变形系统由断层带的非稳定态和上下盘的稳定态两部分组成。当开采继续深入时,整个变形系统进入非稳定状态,系统失稳将诱导断层冲击地压的发生。

3.2.1　断层构造黏滑失稳模型

潘一山[41-42]通过黏滑失稳模型,较好地解释了断层的滑移失稳过程,黏滑就是岩石发生的突发式、间歇式不稳定摩擦滑动。

断层冲击地压黏滑模型如图 3-13 所示。根据对多个煤矿断层冲击地压发生过程的调查分析,断层冲击地压发生后断层下盘相对稳定,没有移动,上盘相对下盘发生位移。而且发生断层冲击地压时,采空区多在断层上盘,所以在模型中以固定表面表示断层下盘,物体 M 表示断层上盘,物体 M 与固定表面的接触面为断层面,断层上盘围岩体对上盘的作用用弹簧 AB 表示。上下盘相对静止主要由静摩擦力控制。

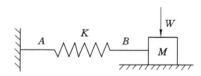

图 3-13　断层冲击地压的黏滑模型[41]

设上盘的围岩 AB 相对下盘以恒定速度 v 发生变形,上盘围岩的刚度为 K。断层两盘的静摩擦系数和动摩擦系数分别为 μ 和 μ'。上、下两盘开始处于静止状态,则静摩擦力为 μW,W 为上盘岩石压力。假设克服此摩擦力并使上、下盘突然滑动所需弹簧 AB 两端相对位移为 ξ_0,则有:

$$K\xi_0 = \mu W \qquad (3-37)$$

取上盘 M 开始滑动的瞬间为时间原点 $t=0$,并以此时的位置量测弹簧端点 A 的位移 $\xi = vt$ 和上盘 M 的位移 x,则上盘围岩施加在 M 上的力为 $K(\xi + \xi_0 - x)$,所以 M 的运动方程为:

$$M\frac{\mathrm{d}^2 x}{\mathrm{d}t^2} = K(\xi + \xi_0 - x) - \mu' W \qquad (3-38)$$

令 $n^2 = \dfrac{K}{M}$，则式(3-38)可简化为:

$$\frac{\mathrm{d}^2 x}{\mathrm{d}t^2} + n^2 x = n^2 vt + \frac{\mu - \mu'}{M} \tag{3-39}$$

求解这个微分方程,得到 x 的通解:

$$x = C_1 \cos nt + C_2 \sin nt + vt + \frac{(\mu - \mu')W}{Mn^2} \tag{3-40}$$

根据初始条件:当 $t = 0$ 时,$x = 0$, $v' = \dfrac{\mathrm{d}x}{\mathrm{d}t} = 0$,得:

$$\begin{cases} C_1 = -\dfrac{\mu - \mu'}{Mn^2} \\[3mm] C_2 = -\dfrac{v}{n} \end{cases} \tag{3-41}$$

将 C_1 和 C_2 代入式(3-40),可以得到滑块 M 运动的表达式为:

$$x = -\frac{(\mu - \mu')W}{Mn^2} \cos nt - \frac{v}{n} \sin nt + vt + \frac{(\mu - \mu')W}{Mn^2} \tag{3-42}$$

由式(3-42)可知,断层两盘的相对位移是一个黏滑振荡过程,那么由此释放的能量就具有间歇性,所以断层冲击地压也具有间歇性。因此同一采区同一断层,只要发生了一次断层冲击地压,就有再次引发断层冲击地压的可能。

3.2.2　断层构造诱发冲击地压灾害机理

煤层采出时的采动影响以及覆岩运动会造成断层应力状态的改变,使断层出现活化的可能性加大。断层的活化过程可以用上述的理论模型来表达,至于断层活化与煤岩冲击失稳之间的作用机理因断层类型的不同而有所不同。煤田内广泛存在的断层类型主要有正断层、逆断层。

（1）逆断层诱发冲击地压机理

根据地质力学观点,逆断层主要是由水平挤压形成。通常逆断层形成前的状态为背斜构造。单一岩层或岩层组长期受到平行于层面的高水平应力挤压作用,岩层或岩层组中部发生隆起,形成背斜构造,如图 3-14(a)所示;受到水平应力的继续挤压和扭应力作用,特别是两侧水平应力的不均匀作用,背斜核部继续隆起,两翼继续向核部挤压,并在一翼中部发生扭转,如图 3-14(b)所示;随着翼部向上运动和两侧水平应力的继续作用,扭曲的翼部中部发生相对位移,并产生剪应力,在强大剪应力作用下,翼部中部出现破裂面,破裂面两侧(即上、下盘)产生错动,形成逆断层,如图 3-14(c)所示。

由于逆断层是受到挤压形成的,岩层在受挤压的过程中将产生变形,内部积聚大量的弹性能,尽管岩体发生塑性屈曲和断裂将消耗很大一部分能量,但断层体内仍存有弹性能或残余应力。因此,逆断层诱发冲击地压机理除应力叠加外,还有弹性能的进一步释放,如图 3-15所示。

（2）正断层诱发冲击地压机理

与逆断层相比,正断层对冲击地压的作用较小,但也不能忽视。一般认为正断层是在重力作用和水平张力作用下形成的,主要是受到侧向拉伸和垂直挤压作用形成的,其中垂直挤压作用为主,又称重力断层。

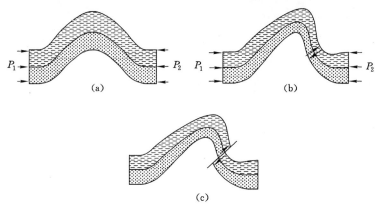

图 3-14 逆断层形成过程示意图

（a）背斜；（b）翼部扭曲；（c）断层

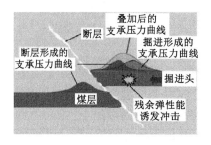

图 3-15 逆断层诱发冲击地压机理

由正断层的形成机制可知，正断层体内一般不存在能量积聚，其诱发冲击地压机理主要是应力叠加，如图 3-16 所示，即断层形成的支承压力与采掘形成的支承压力叠加。

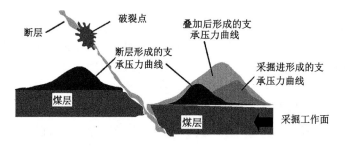

图 3-16 断层活化诱发冲击地压机理示意图

根据上述分析，无论是正断层还是逆断层，采掘扰动及其产生的应力叠压是断层冲击地压发生的必要条件之一。采动影响增加了断层活化的可能性，即创造了断层活化的条件；工作面煤体承载力的局部失效是引起断层滑移的直接原因；断层岩移引起的冲击效应是工作面煤体大范围冲击失稳的原因。

3.3 坚硬顶板断裂诱发冲击地压力学机制

坚硬顶板长壁采场具有来压显现强烈，动载系数大，坚硬顶板采场与普通采场矿山压力显现的主要差别是周期性来压强烈,极易引起冲击地压等矿压灾害事故。冲击地压与自然地震不同,它的发生能量级别较小,需要外在的诱发条件,即需开挖活动促使煤岩体内应力状态产生由静转动的变化,并诱发弹性能沿着易传递路径向采动空间弱势面积聚转移,坚硬顶板断裂释能就是这种诱发冲击地压的外在条件。

煤层开采后,由于采空区的出现,而使得顶板岩层发生弯曲变形。苏联阿维尔申教授[43]认为,煤层内的弹性能可由体变弹性能 U_v、形变弹性能 U_f 和顶板弯曲弹性能 U_w 三部分组成。顶板弯曲弹性能 U_w 与岩层悬伸长度 L 的五次方成正比,$U_w=(q^2L^5)/(8EJ)$,即 L 值越大,顶板岩层积聚的能量越多。厚度越大的坚硬岩层,在采空区越不容易垮落,形成的岩层悬伸长度 L 值越大。所以在具有较厚坚硬顶板岩层条件下,由于悬顶过大而使顶板岩层中积聚大量的弯曲弹性能,由于推采与悬空区的继续增大而引起坚硬顶板破断或滑移失稳,大量的弹性能突然释放,形成顶板强烈震动,导致工作面煤壁与巷壁附近煤体超过应力极限,极易造成顶板—煤层型冲击地压或顶板型冲击地压事故的发生[44-48]。

3.3.1 初次来压坚硬顶板力学模型

研究坚硬顶板力学模型,潘岳等[25]将煤层、直接顶视为弹性地基,将工作面煤壁前方顶板与采空区顶板看成连续的弹性体,其上作用隆起且有反弯点的分布荷载,与工作面覆岩结构和荷载状况原型十分接近。坚硬顶板初次断裂前覆岩结构和荷载分布如图 3-17 所示。

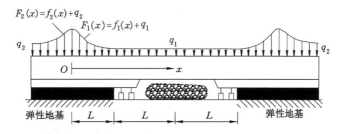

$$F_2(x)=f_2(x)+q_2 \qquad F_1(x)=f_1(x)+q_1$$

图 3-17 坚硬顶板初次断裂前岩层结构及载荷分布[25]

(1)初次来压前基于弹性地基的坚硬顶板力学特性分析

采煤工作面前后两侧假定都有支护,由图 3-17 所示结构模型可知,沿中跨部截断后,中部前后两部分模型是正对称结构,用定向支承来替代,可得其半结构模型如图 3-18 所示。由结构力学可知,正对称模型跨中截面反对称内力为零,即 $Q(l+L)=0$;跨中截面转角为零,即 $y'_1(L+l)=0$;图 3-18 中右端的反力偶 $M(l+L)\neq0$,$M(l+L)$ 要由 $y'_1(L+l)=0$ 的几何条件确定。

潘岳将图 3-17 和图 3-18 中坐标原点 O 设于增压荷载峰下方,l 为增压荷载到煤壁的距离,L 为采空区半跨度或跨长,亦称悬顶距离;L_k 为控顶距,p_0,p_k 为支护强度,$p_k\geqslant p_0$;$F_1(x)=f_1(x)+q_1$,$F_2=f_2(x)+q_2$ 为增压荷载峰后方和前方的顶板分布载荷,其中 q_1,q_2 为均布荷载,在远离荷载峰的顶板荷载分别趋于均布荷载 q_1,q_2。其中 q_2 反映了顶板的埋深,q_1 反映顶板自重,$q_1=\gamma h$。γ 为坚硬顶板容重,h 为顶板厚。弹性地基的刚度记为 C,地基反力 q_c 与梁的竖向位移 y 成正比,即 $q_c=-Cy$。

顶板承受的隆起增压荷载的关系式为:

$$f_1(x)=k_1(x+x_{c1})\mathrm{e}^{-\frac{x+x_{c1}}{x_{c1}}} \qquad (0\leqslant x\leqslant l+L) \tag{3-43}$$

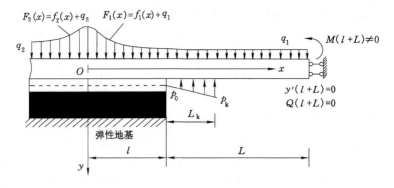

图 3-18　坚硬顶板初次断裂前力学半结构模型

$$f_2(x) = k_2(x_{c2} - x)\mathrm{e}^{-\frac{x - x_{c2}}{x_{c2}}} \quad (-\infty \leqslant x \leqslant 0) \tag{3-44}$$

均为半个韦布尔分布函数。式(3-43)和式(3-44)中：

$$\begin{cases} k_1 = f_{c1}\mathrm{e}/x_{c1} \\ k_2 = f_{c2}\mathrm{e}/x_{c2} \end{cases} \tag{3-45}$$

式中，k_1、k_2 的单位为 $\mathrm{N/m^2}$；f_{c1}、f_{c2} 的单位为 $\mathrm{N/m}$；x_{c1}，x_{c2} 为 $f_1(x)$，$f_2(x)$ 的尺度参数，单位为 m。

以坚硬顶板水平建立 x 轴，设 O 点为坐标原点，坚硬顶板平面所承载的分布载荷可表示为：

$$F_1(x) = q_1 + k_1(x + x_{c1})\mathrm{e}^{-\frac{x + x_{c1}}{x_{c1}}} \tag{3-46}$$

$$F_2(x) = q_2 + k_2(x_{c2} - x)\mathrm{e}^{-\frac{x - x_{c2}}{x_{c2}}} \tag{3-47}$$

将图 3-18 中坚硬岩层结构分为三个区段，即 $(-\infty, 0)$ 区段、$[0, l]$ 区段和 $[l, l+L]$ 采空区段，其中 $[-\infty, 0]$ 区段为分布载荷 $F_2(x)$ 作用的半无限长弹性地基梁，$[0, l]$ 区段为分布载荷 $F_1(x)$ 作用下的有限长弹性地基梁，$[l, l+L]$ 区段右端为定向支承，由结构力学，相应于定向支承边界条件为梁端转角 $y'(l+L) = 0$，剪力 $Q(l+L) = 0$，弯矩 $M(l+L) \neq 0$。记 $(-\infty, 0)$，$[0, l]$，$[l, l+L_k]$，$[l+L_k, L]$ 区段的岩梁挠度分别为 $y_2(x)$，$y_{21}(x)$，$y_{11}(x)$ 和 $y_{12}(x)$，其表达式分别如下：

图 3-18 中 $(-\infty, 0]$ 区段的岩梁挠度方程为：

$$y_2(x) = \mathrm{e}^{\beta x}(d_1\cos\beta x + d_2\sin\beta x) + \frac{q_2}{4\beta^4 EI} + \frac{k_2}{EI} \cdot \frac{x_{c2}^4}{1 + 4\beta^4 x_{c2}^4}\left[\frac{x_{c2} - x}{x_{c2}} + \frac{4}{1 + 4\beta^4 x_{c2}^4}\right]\mathrm{e}^{\frac{x - x_{c2}}{x_{c2}}} \tag{3-48}$$

$[0, l]$ 区段的岩梁挠度方程为：

$$y_{21}(x) = d_3\sin\beta x\sin h\beta x + d_4\sin\beta x\cos h\beta x + d_5\cos\beta x\sin h\beta x + d_6\cos\beta x \cdot \cos h\beta x +$$
$$\frac{q_1}{4\beta^4 EI} + \frac{k_1}{EI} \cdot \frac{x_{c1}^4}{1 + 4\beta^4 x_{c1}^4} \cdot \left[(x + x_{c1}) + \frac{4x_{c1}}{1 + 4\beta^4 x_{c1}^4}\right]\mathrm{e}^{-\frac{x + x_{c1}}{x_{c1}}} \tag{3-49}$$

$[l, l+L_k]$ 区段的岩梁挠度方程为：

$$EIy_{11}(x) = \frac{M_l}{2}(x-l)^2 - \frac{Q_l}{6}(x-l)^3 + \frac{q_1}{24}(x-l)^4 + k_1 x_{c1}^5\left[\frac{x + x_{c1}}{x_{c1}} + 4\right]\mathrm{e}^{-\frac{x + x_{c1}}{x_{c1}}} -$$
$$k_1 x_{c1}^5\left\{\left[\left(\frac{l + x_{c1}}{x_{c1}}\right)^2 + 2\left(\frac{l + x_{c1}}{x_{c1}}\right) + 2\right]\frac{x^2}{2x_{c1}^2} - \frac{1}{6}\left(\frac{l + x_{c1}}{x_{c1}} + 1\right)\left(\frac{x + x_{c1}}{x_{c1}}\right)^3\right\}\mathrm{e}^{-\frac{l + x_{c1}}{x_{c1}}}$$

$$-\frac{p_0}{24}(x-l)^4-\frac{p_k-p_0}{120L_k}(x-l)5+c_1x+c_2 \tag{3-50}$$

$[l+L_k,L]$ 区段的岩梁挠度方程为:

$$EIy_{12}(x)=\frac{M_1}{2}(x-l)^2-\frac{Q_l}{6}(x-l)^3+\frac{q_1}{24}(x-l)^4+k_1x_{c1}^5\left\{\left[\left(\frac{x+x_{c1}}{x_{c1}}+4\right)e^{-\frac{x+x_{c1}}{x_{c1}}}+\right.\right.$$

$$\left.2\left(\frac{l+x_{c1}}{x_{c1}}\right)+2\right]\frac{x^2}{2x_{c1}^2}-\frac{1}{6}\left(\frac{l+x_{c1}}{x_{c1}}+1\right)\left(\frac{x+x_{c1}}{x_{c1}}\right)^3\left.\right\}e^{-\frac{l+x_{c1}}{x_{c1}}}-p_oL_k$$

$$\left[\frac{(x-l)^3}{6}-\frac{L_k}{4}(x-l)^2\right]-\frac{(p_k-p_0)L_k}{2}\left[\frac{(x-l)^3}{6}-\frac{L_k(x-l)^2}{3}\right]+c_3x+c_4 \tag{3-51}$$

(2) 初次来压前裂纹初始阶段坚硬顶板力学模型分析

坚硬顶板裂纹发生初始阶段的半结构分析模型如图 3-19 所示,图中超前裂纹发生在最大弯矩所在的 $\tilde{x}$ 截面或 $\tilde{x}$ 截面的上边缘。

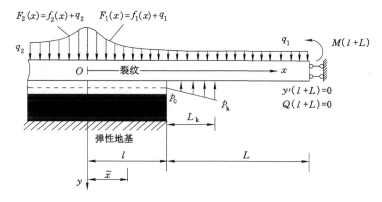

图 3-19　坚硬顶板裂纹萌生初始阶段的半结构模型

将图 3-19 中裂纹 $\tilde{x}$ 前方 $(-\infty,0)$ 和 $[0,\tilde{x}]$ 区段岩梁的挠度方程分别记为 $\bar{y}_2(x)$, $\bar{y}_{21}(x)$,将裂纹面 $\tilde{x}$ 后方 $[\tilde{x},l]$,$[l,l+L_k]$ 和 $[l+L_k,L]$ 区段的岩梁挠度方程分别记为 $\tilde{y}_{22}(x)$,$\tilde{y}_{11}(x)$,$\tilde{y}_{12}(x)$,其表达式分别如下。

图 3-19 中裂纹 $\tilde{x}$ 前方 $(-\infty,0)$ 区段岩梁的挠度方程为:

$$\tilde{y}_2(x)=e^{\beta x}(\bar{d}_1\cos\beta x+\bar{d}_2\sin\beta x)+\frac{q_2}{4\beta^4EI}+\frac{k_2}{EI}\cdot\frac{x_{c2}^4}{1+4\beta^4x_{c2}^4}\left[(x_{c2}-x)+\frac{4x_{c2}}{1+4\beta^4x_{c2}^4}\right]e^{\frac{x-x_{c2}}{x_{c2}}} \tag{3-52}$$

裂纹 $\tilde{x}$ 前方 $[0,\tilde{x}]$ 区段岩梁的挠度方程为:

$$\tilde{y}_{21}(x)=\bar{d}_3\sin\beta x\sin h\beta x+\bar{d}_4\sin\beta x\cos h\beta x+\bar{d}_5\cos\beta x\sin h\beta x+\bar{d}_6\cos\beta x\cos h\beta x+$$

$$\frac{q_1}{4\beta^4EI}+\frac{k_{1\eta}}{EI}\cdot\frac{(\eta x_{c1})^4}{1+4\beta^4(\eta x_{c1})^4}\left[(x+\eta x_{c1})+\frac{4\eta x_{c1}}{1+4\beta^4(\eta x_{c1})^4}\right]e^{\frac{x+\eta x_{c1}}{\eta x_{c1}}} \tag{3-53}$$

裂纹面 $\tilde{x}$ 后方 $[\tilde{x},l]$、$[l,l+L_k]$ 区段的岩梁挠度方程分别为:

$$\tilde{y}_{22}(x)=\bar{d}_3\sin\beta x\sin h\beta x+\bar{d}_4\sin\beta x\cos h\beta x+\bar{d}_5\cos\beta x\sin h\beta x+\bar{d}_6\cos\beta x\cos h\beta x+$$

$$\frac{q_1}{4\beta^4EI}+\frac{k_1}{EI}\cdot\frac{(\eta x_{c1})^4}{1+4\beta^4x_{c1}^4}\left[(x+x_{c1})+\frac{4x_{c1}}{1+4\beta^4x_{c1}^4}\right]e^{\frac{x+x_{c1}}{x_{c1}}} \tag{3-54}$$

$$EI\tilde{y}_{11}(x)=\frac{M_l}{2}(x-l)^2-\frac{Q_l}{6}(x-l)^3+\frac{q_1}{24}(x-l)^4+k_1x_{c1}^5\left\{\left(\frac{x+x_{c1}}{x_{c1}}+4\right)e^{-\frac{x+x_{c1}}{x_{c1}}}-\right.$$

$$\left.\left\{\left[\left(\frac{l+x_{c1}}{x_{c1}}\right)^2+2\left(\frac{l+x_{c1}}{x_{c1}}\right)+2\right]\frac{x^2}{2x_{c1}^2}-\frac{1}{6}\left(\frac{l+x_{c1}}{x_{c1}}+1\right)\left(\frac{x+x_{c1}}{x_{c1}}\right)^3\right\}e^{-\frac{l+x_{c1}}{x_{c1}}}\right\}-$$

$$\frac{p_0(x-l)^4}{24}-\frac{p_k-p_0}{120L_k}(x-l)^5+\bar{c}_1x+\bar{c}_2 \tag{3-55}$$

裂纹面 $\tilde{x}$ 后方 $[l+L_k,L]$ 区段的岩梁挠度方程为：

$$EI\tilde{y}_{12}(x)=\frac{M_l}{2}(x-l)^2-\frac{Q_l}{6}(x-l)^3+\frac{q_1}{24}(x-l)^4+k_1x_{c1}^5\left\{\left[\frac{x+x_{c1}}{x_{c1}}+4\right]e^{-\frac{x+x_{c1}}{x_{c1}}}-\right.$$

$$\left.\left\{\left[(\frac{l+x_{c1}}{x_{c1}})^2+2\left(\frac{l+x_{c1}}{x_{c1}}\right)+2\right]\cdot\frac{x^2}{2x_{c1}^2}-\frac{1}{6}\left(\frac{l+x_{c1}}{x_{c1}}+1\right)\left(\frac{x+x_{c1}}{x_{c1}}\right)^3\right\}e^{-\frac{l+x_{c1}}{x_{c1}}}\right\}-$$

$$p_oL_k\left[\frac{(x-l)^3}{6}-\frac{L_k}{4}(x-l)^2\right]-\frac{(p_k-p_0)L_k}{2}\left[\frac{(x-l)^3}{6}-\frac{L_k(x-l)^2}{3}\right]+\bar{c}_3x+\bar{c}_4$$

$$\tag{3-56}$$

其中，式(3-48)至式(3-56)中所有符号意义相同，但式(3-48)至式(3-56)中积分常数要根据各模型的边界条件和连续条件来确定，通过满足边界条件式来确定其中的系数。E 为平面应变条件下的顶板弹性模量，I 为单位宽度顶板的惯性矩，其中 $\beta=(C/4EI)^{1/4}$，对上式求导可得各区段弯矩表达式：$M(x)=EIy''(x)$。

3.3.2 周期来压坚硬顶板力学模型

（1）周期来压期间坚硬顶板断裂前力学特性分析

周期来压前坚硬顶板弯矩、挠度的分析模型[49]如图 3-20 所示，图中 Q_m 为已断裂砌体梁对前方岩梁施加的摩擦力，M_m 为相对应断裂砌体梁施加的水平挤压力因底（或高）于中性线轴 Ox 而对前方岩梁形成的力偶。

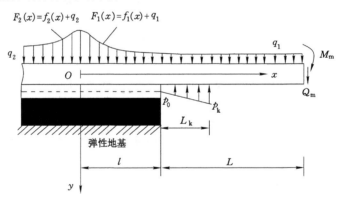

图 3-20 周期来压坚硬顶板断裂前力学模型[49]

将图 3-20 中岩层结构分为四个区段，即 $(-\infty,0]$ 区段、$[0,l]$ 区段，工作面后方 $[l,l+L_k]$、$[l+L_k,L]$ 采空区段，其中 $(-\infty,0]$ 区段为受分布载荷 $F_2(x)$ 作用的半无限长弹性地基梁，$[0,l]$ 区段为分布载荷 $F_1(x)$ 作用下的有限长弹性地基梁，$[l,l+L_k]$ 区段为受分布荷载 $F_1(x)$ 和支护阻力作用的采空区悬臂梁。记 $(-\infty,0]$，$[0,l]$，$[l,l+L_k]$，$[l+L_k,L]$ 区段的岩梁挠度分别为 $y_2(x)$，$y_{21}(x)$，$y_{11}(x)$ 和 $y_{12}(x)$，其表达式与初次断裂前力学模型各区段表达式(3-48)至式(3-51)相同,通过满足连续梁的自然边界条件及连续条件 $Q(l+L)=0$、$M(l+L)=0$ 来确定各区段表达式中的系数。

(2)周期来压期间裂纹发生初始阶段力学特性分析

坚硬顶板裂纹发生初始阶段的分析模型如图 3-21 所示,超期裂纹发生在最大弯矩所在的 $\tilde{x}$ 截面或 $\tilde{x}$ 截面的上边缘,将图 3-21 中裂纹 $\tilde{x}$ 左侧 $(-\infty,0]$ 和 $[0,\tilde{x}]$ 区段岩梁的挠度方程分别记为 $\tilde{y}_2(x)$,$\tilde{y}_{21}(x)$,将裂纹面 $\tilde{x}$ 右侧 $[\tilde{x},l]$,$[l,l+L_k]$ 和 $[l+L_k,L]$ 区段的岩梁挠度方程分别记为 $\tilde{y}_{22}(x)$、$\tilde{y}_{11}(x)$,其表达式与初次断裂前裂纹初始阶段力学模型各区段表达式(3-52)至式(3-56)相同,其中 $\tilde{d}_1\sim\tilde{d}_6$,$\tilde{d}_3\sim\tilde{d}_6$,$\tilde{c}_1\sim\tilde{c}_4$ 需根据裂纹面条件及边界条件与连续条件确定。

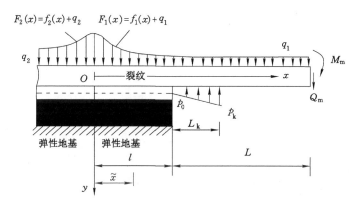

图 3-21　周期来压坚硬顶板裂纹萌生初始阶段力学模型

以周期来压坚硬顶板裂纹萌生初始阶段力学模型为例,对 B 煤矿 5305 坚硬顶板工作面进行分析研究。5305 工作面开采深度平均为 950 m,上覆岩土体容重 λ_1 取为 20 kN/m³,应力集中系数 $k=2$,计算得到:原岩应力 $q_2=38$ MPa;坚硬顶板中砂岩厚度约为 10 m,容重 λ_2 为 25 kN/m³,悬露中砂岩自重 $q_1=0.25$ MPa,取增压荷载峰到煤壁的距离 $l=10$ m,顶板悬顶部分长 $L=25$ m,煤系地层刚度一般 $C=0.25\sim1.00$ GPa,本书取 $C=0.8\times10^9$ N/m²,支架支护阻力 $p_0=9$ MN/m,p_k 取 $1.2p_0$,则 $p_k=10.8$ MN/m;顶板弹性模量 $E=4.16\times10^{10}$ N/m²,单位宽度顶板惯性矩 $I=30$ m⁴,根据 $\beta=(C/4EI)^{1/4}$,计算得 $\beta=0.1125$,弹性地基梁的特征长度 $T=1/\beta$,计算得 $T=8.9$ m。根据前文知周期来压坚硬顶板裂纹萌生初始阶段力学模型表达式与初次断裂前裂纹初始阶段力学模型各区段表达式(3-52)至式(3-56)相同,采用 MATLAB 软件的计算分析,得到岩梁弯矩曲线变化规律,如图 3-22 所示,5305 工作面周期来压坚硬顶板垮落如图 3-23 所示。

通过对 5303 工作面坚硬顶板裂纹萌生初始阶段力学模型分析及计算,从图 3-22、图 3-23可看出,5305 工作面坚硬顶板工作面弯矩曲线,弯矩最大值发生工作前方,距工作面煤壁 8 m 位置附近,当工作继续回采到达裂纹区或断裂线时,会对工作面造成不同程度冲击影响,现场应加强巷道支护与工作面附近矿压观测,防治冲击地压的发生。

3.3.3　坚硬顶板断裂释放能量对冲击地压的诱发作用

根据前文建立的硬顶板力学模型,在工作面前方煤体 $[\tilde{x},0]$ 区段内,弹性释放能量的范围为坚硬顶板断裂后发生压缩、反弹的空间区域,是产生震动的能量来源,即震源区域,该区

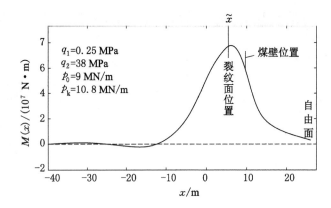

图 3-22 周期来压坚硬顶板未断裂前的岩梁弯矩曲线

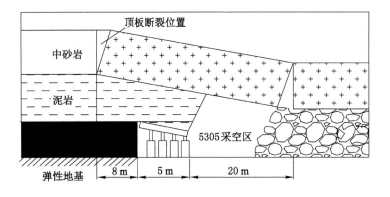

图 3-23 5305工作面坚硬顶板断裂工程示意图

域有相当于断裂后顶板弯曲应变能几倍至十几倍的弯曲应变能在顶板断裂期间释放。顶板初次断裂前、后的顶板弯曲应变能量密度分布曲线之间的面积即为顶板断裂时释放的能量，工作面煤壁到顶板初次断裂前、后的弯曲应变能密度分布曲线交点之间为震源区域。一般情况下震源区域为顶板断裂前从工作面煤壁到其前方 $20\sim25$ m 范围内。顶板岩梁断裂释放的弹性能超过煤体破坏、运动做功所需能量时，煤体发生突然破坏、扩容，产生向外的驱动运动，形成冲击地压。

采空区内大面积悬露的坚硬顶板内积聚了巨大的能量，而顶板断裂后采场处于低位能安全状态，顶板岩梁断裂运动将释放大量的弹性应变能。在采场坚硬顶板断裂前，应及时进行松动爆破，特别是对震源区域内岩层进行松动爆破，使部分弹性应变能得以安全释放，避免因顶板突然断裂释放大量能量诱发冲击，预防冲击地压事故的发生。

3.4 煤柱失稳诱发冲击地压力学机制

3.4.1 煤柱尖点突变力学模型

对于采空区遗留煤柱而言，随着开采空间增加，采空区侧向支承压力增大，煤柱受载发生应变软化，初期尚能处于稳定状态，随着煤柱产生压缩变形，变形能逐渐积聚，逐渐达到不稳定的临界状态,在外界扰动作用下煤柱易发生突变失稳。煤柱冲击力学模型如图3-24所示。

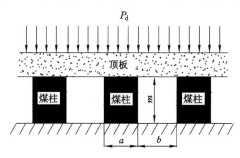

图 3-24　煤柱冲击力学模型

针对煤柱冲击失稳的发生过程,采用式(3-57)表征图 3-24 所示力学模型系统的总势能函数 V,图中,m 为煤层开采厚度,a 为煤柱留设宽度,b 为工作面开采宽度,m。

$$V=V_s+V_e-V_p=\frac{EY}{m}u^2\mathrm{e}^{-\frac{u}{u_c}}+\frac{E(a-2Y)}{2m}u^2-\gamma H\left[a+\frac{b}{2}\left(2-\frac{b}{0.6H}\right)\right]u \quad (3-57)$$

式中　V_s——条带煤柱塑性区应变能;

　　　V_e——弹性核区弹性势能;

　　　V_p——上覆岩层的自重势能;

　　　Y——煤柱塑性区宽度;

　　　E——煤层弹性模量;

　　　u_c——峰值荷载对应的煤柱变形值,$u_c=m\,\varepsilon_c$,ε_c 为峰值应力对应的应变。

将式(3-57)的一阶导数按照 $u=u_1=(3-\sqrt{3})u_c$ 处进行泰勒级数展开,并取三次项,如式(3-58)所列,得到标准形式的尖点突变平衡曲面方程式(3-59),点 $u=u_1=(3-\sqrt{3})u_c$ 为方程突变点。

$$V'=\frac{\sqrt{3}EY}{3mu_c^2}\mathrm{e}^{\sqrt{3}-3}(u-u_1)^3+\left[(2-2\sqrt{3})\frac{EY}{m}\mathrm{e}^{\sqrt{3}-3}+\frac{E(a-2Y)}{m}\right](u-u_1)+$$

$$\frac{EY}{m}\mathrm{e}^{\sqrt{3}-3}(4\sqrt{3}-6)u_c+\frac{E(a-2Y)}{m}(3-\sqrt{3})u_c-\gamma H\left[a+\frac{b}{2}\left(2-\frac{b}{0.6H}\right)\right]=0 \quad (3-58)$$

$$V'(x)=x^3+px+q=0 \quad (3-59)$$

式(3-59)中,x 作为状态变量,p,q 为控制变量,且

$$x=u-u_1 \quad (3-60)$$

$$p=(2\sqrt{3}-6)u_c^2+\sqrt{3}\,u_c^2k \quad (3-61)$$

$$q=\sqrt{3}\,u_c^2\left[(4\sqrt{3}-6)u_c+(3-\sqrt{3})u_ck-\frac{P_d}{k_s}\right] \quad (3-62)$$

式中　k——煤柱弹性核区介质刚度 k_e 与塑性区介质刚度 k_s 的比值,简称刚度比。

根据突变理论,只有 $p\leqslant0$ 时,系统才会发生突变,即系统发生突变的必要条件为:

$$p=(2\sqrt{3}-6)u_c^2+\sqrt{3}\,u_c^2k\leqslant0 \quad (3-63)$$

$$k\leqslant2\sqrt{3}-2\approx1.46$$

煤柱发生冲击失稳前的临界压缩量 u_q 为:

$$u_q = \left[3 - \sqrt{3} - \sqrt{2 - \frac{2}{3}\sqrt{3} - \frac{\sqrt{3}}{3}k} \right] u_c \tag{3-64}$$

式(3-63)、式(3-64)揭示出条带煤柱发生冲击地压的内因是发生了应变软化;外因是煤柱压缩变形导致的变形能积聚达到了非稳态,煤柱弹性核区压缩量达到或接近临界压缩量。应变软化程度反映煤柱受载破坏程度,而弹性变形指标反映了能量积聚量级。

3.4.2 煤柱—顶板系统突变模型及失稳判据

为深入研究煤柱—顶板系统变形失稳,基于突变理论,首先给出了煤柱—顶板系统势函数表达式,即煤柱—顶板系统势函数可表示为煤柱压缩能、顶板变形能与外力做功之和[50-54]:

$$\varPi = U + V - W_q - W_p \tag{3-65}$$

式中　U——顶板变形能;

　　　V——煤柱压缩能;

　　　W_q——上覆荷载所做的功;

　　　W_p——水平应力所做的功。

根据前期建立的深部条带煤柱在复杂叠加应力场影响下的非线性力学模型,并综合考虑煤柱变形损伤的影响,分别给出了 U、V、W_q 和 W_p 的表达式:

$$U = \frac{1}{2} D \iint \left\{ \left(\frac{\partial^2 w}{\partial x^2} + \frac{\partial^2 w}{\partial y^2} \right)^2 - 2(1-\mu) \left[\frac{\partial^2 w}{\partial x^2} \frac{\partial^2 w}{\partial y^2} - \left(\frac{\partial^2 w}{\partial x \partial y} \right)^2 \right] \right\} \mathrm{d}s_x \mathrm{d}s_y \tag{3-66}$$

$$V = \lambda \int_0^A A \exp(-A/A_0) \mathrm{d}A \tag{3-67}$$

$$W_q = \iint q\omega \mathrm{d}x \mathrm{d}y \tag{3-68}$$

$$W_p = Pb\delta \int \left\{ \left[1 + \left(\frac{\partial \omega}{\partial x} \right)^2 \right]^{\frac{1}{2}} - 1 \right\} \mathrm{d}x + Pa\delta \int \left\{ \left[1 + \left(\frac{\partial \omega}{\partial y} \right)^2 \right]^{\frac{1}{2}} - 1 \right\} \mathrm{d}y \tag{3-69}$$

将式(3-66)、式(3-67)、式(3-68)、式(3-69)代入式(3-65),在 $A=0$ 处进行泰勒展开并截断,得到了煤柱—顶板系统的势函数为:

$$\varPi = \left[\frac{3D\pi^6 (a^2+b^2)^3}{256a^5b^5} + \frac{3P\pi^4 b\delta}{64a^3} + \frac{3P\pi^4 a\delta}{64b^3} \right] A^4 + \left[\frac{D\pi^4 (a^2+b^2)^2}{8a^3b^3} - \frac{P\pi^2 b\delta}{4a} - \frac{P\pi^2 a\delta}{4b} + \frac{E_c da}{2h} \right] A^2 - \frac{4abq}{\pi^2} A \tag{3-70}$$

将式(3-70)进行简化为尖点突变势函数标准形式:

$$\varPi = \frac{1}{4} z^4 + \frac{1}{2} u z^2 + \upsilon z \tag{3-71}$$

式中　z——状态变量;

　　　u、υ——控制变量。

基于突变理论,通过交叉集分析,最终获得了条带开采煤柱—顶板系统失稳的力学判据为:

$$d \leqslant [d] = \frac{h(a^2+b^2)}{E_c a^2 b} \left[P\delta\pi^2 - \frac{E_r \delta^3 \pi^4 (a^2+b^2)}{24a^2b^2(1-\mu^2)} \right] \tag{3-72}$$

同时考虑到煤柱塑性区,当煤柱有效宽度不大于其临界值 $[d]$ 时,即可穿越分岔点集,煤柱—顶板系统发生整体失稳。

3.4.3　煤柱失稳诱发冲击地压机理及判据

从能量转化的角度[55-56]，分析冲击地压的发生过程如图 3-25 所示。从图 3-25 中可以得出：煤岩体受载荷后的冲击地压是一个稳定态积蓄能量、非稳定态释放能量的非线性动力学过程，其发生过程包括两个阶段，即冲击地压孕育阶段和冲击失稳阶段，两个阶段的能量积聚与释放耗散速率是不同的。当煤岩系统处于能量稳定积聚阶段时，若同时满足扰动条件和能量条件，则系统直接进入能量非稳定释放阶段，即发生冲击地压（过程Ⅰ）；否则，煤岩体会通过缓慢变形释放能量，将自动处于较低能量状态直至弹性平衡状态（过程Ⅱ）。

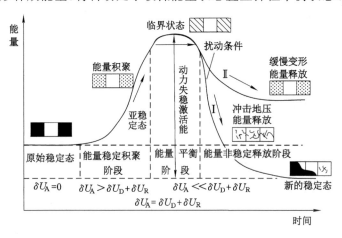

图 3-25　冲击地压发生过程

根据弹性力学理论，可以得到原始应力状态下其弹性能量密度表达式，即单元体的弹性能取决于其所处环境的应力大小，其弹性能峰值恰好位于其应力集中区。然后，根据岩体动力破坏的最小能量原理，分析得到：当煤岩体处于三向应力作用时，可以集聚大量的弹性能，其在三轴应力下遵循三维应力的破坏准则；破坏一旦启动，煤岩体应力调整，应力状态迅速转变为二向，最终转变为单向应力状态，即破坏真正需要消耗的能量总是单向应力状态的破坏能量。其余部分能量为剩余能量将会以动能形式释放，其剩余能量越大，其发生冲击地压的危害程度越大。

基于上述分析，建立了当煤岩体处于临界失稳状态时，煤岩系统在外界扰动条件作用下诱发冲击地压的能量判据：

$$U_d + U_e \geqslant U_c + U_p \tag{3-73}$$

式中　U_p——破碎煤体抛出时的动能，$U_p = \frac{1}{2}MV^2$，其中 M 为冲击时被抛离的煤岩质量，V 为被抛向空间煤岩的初始抛出速度；

U_d——系统处于平衡状态下外界以震动波的形式流入的能量，实际情况下表示为顶板破断、爆破、打钻等动载冲击地压诱发因素。

4 典型条件下冲击危险孕育演化规律

4.1 背斜构造区域开采冲击危险性分析

4.1.1 背斜数值模型

模型尺寸为:长×宽＝320 m×180 m,煤层厚度取 6 m,左右边界施加水平位移约束,下部边界施加垂直位移约束,上部边界施加等效载荷($P＝\gamma H$)模拟上覆岩层产生的垂直应力,其中取 $\gamma＝25$ kN/m³,$H＝800$ m,由此得等效载荷为 20 MPa。水平成因构造单元中的水平方向最大主应力可以比垂直应力高出 3～5 倍,且背斜两翼构造应力高于轴部,因此,本次数值模拟给予两翼 60 MPa 的初始水平应力模拟两翼高构造应力。数值模型如图 4-1 所示,岩石物理力学参数如表 4-1 所列。

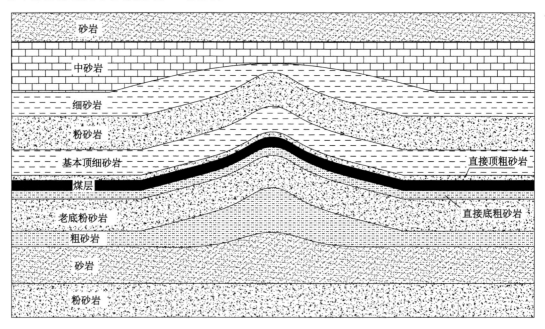

图 4-1 背斜构造数值模型

为了消除边界效应的影响,模型从距左边界起 56 m 处开始开挖。通过监测工作面前方 60 m 的支承压力,揭示背斜影响下工作面超前支承压力分布规律;通过监测采动影响下背斜轴部应力变化,研究采动对背斜轴部构造应力的影响。

表 4-1　　　　　　　　　　　岩体物理力学参数

	体积模量/GPa	切边模量/GPa	内摩擦角/(°)	内聚力/MPa	抗拉强度/MPa	密度/(kg/m³)
砂岩	33.08	24.81	37	4.3	1.66	2 600
中砂岩	21	12	40	7.3	5.9	2 500
细砂岩	23	12	30	7.5	1.2	2 700
粉砂岩	15.6	10.8	30	7.2	2.0	2 600
细砂岩	23	12	30	7.5	1.2	2 700
粗砂岩	18	10.5	34	8.9	1.8	2 650
煤层	2.9	1.65	28	3.5	0.9	1 480
粗砂岩	18	10.5	34	8.9	1.8	2 650
细砂岩	23	12	30	7.5	1.2	2 700
粗砂岩	18	10.5	34	8.9	1.8	2 650
砂岩	33.08	24.81	37	4.3	1.66	2 600
粉砂岩	15.6	10.8	30	7.2	2.0	2 600

4.1.2　背斜影响下煤壁前方支承压力演化规律

本次数值模拟监测了煤壁前方 60 m 范围内的支承压力,不同推进步距下煤壁前方支承压力变化如图 4-2 所示。

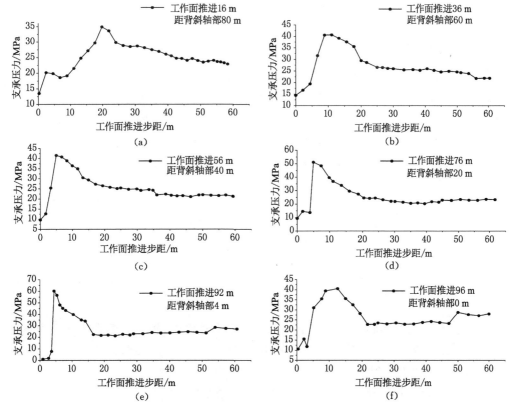

图 4-2　不同推进步距下煤壁前方支承压力曲线

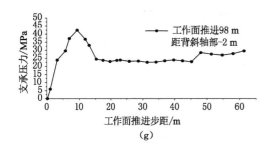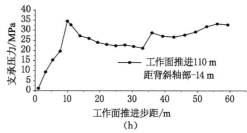

续图 4-2　不同推进步距下煤壁前方支承压力曲线

（1）由图 4-2(a)至图 4-2(e)可知，随着工作面不断向前推进，煤壁前方支承压力峰值不断增高，当工作面推进到背斜轴 4 m 左右时，其支承压力峰值达到最大值 60 MPa，且煤壁前方 2 m 范围内支承压力近似为 0，表明煤体发生塑性破坏极为严重，丧失了承载能力；在煤壁前方 4～5 m 范围内，支承压力由 8 MPa 迅速上升为 60 MPa，应力差极大，系统极不稳定，容易发生冲击失稳。

（2）由图 4-2(b)至图 4-2(d)推进过程中，工作面处于背斜翼部，随着工作面的推进，煤壁前方支承压力峰值不断增加，且与煤壁距离不断减小，冲击危险严重。

（3）工作面推过背斜轴时，支承压力峰值降低，支承压力影响范围不断缩小，如图 4-2(f)至图 4-2(h)所示。可以推断，随着工作面继续推进，由于受到翼部高应力的影响，支承压力会再次增大，冲击危险会再次加强，当工作面推过翼部时，冲击危险降低。

（4）随着工作面不断推进，煤壁前方支承压力将与翼部高应力发生"连接—叠加—分离"现象，连接过程如图 4-2(a)所示，叠加如图 4-2(b)至 4-2(e)所示，分离则如图 4-2(e)至图 4-2(f)所示；连接区和叠加区是冲击失稳危险严重区域。

4.1.3　采动影响下背斜轴部构造应力演化规律

本次数值模拟于背斜轴部设置了 1 条竖直观测线，监测了顶板上方 0.6 m、4.2 m、7.8 m、11.4 m、14.9 m、18.5 m、22.1 m 及 25.7 m 共 8 个点，底板以下 0.53 m、4.11 m、7.68 m、11.26 m、14.84 m、18.42 m 及 22 m 共 7 个点，煤层底板以上（煤层内）3.1 m 共 1 个点。测线所测向斜轴部附近最大主应力随工作面推进演化曲线如图 4-3 所示。

由图 4-3 可知：

（1）工作面未采动时，背斜轴部各测点初始构造应力值相差不大，集中在 20 MPa 左右。

（2）工作面距离背斜轴部大于 40 m 时，煤层和底板构造应力不受工作面推进的影响，保持在 20 MPa 左右；工作面距离背斜轴 40～20 m 时，煤层和底板构造应力随着采动而增大，底板应力呈现出距离煤层越近处，应力增加越快的特点。

（3）工作面距离背斜轴部大于 20 m 时，背斜轴部顶板构造应力几乎不受工作面推进的影响。

（4）当工作面与背斜轴距离小于 20 m 时，受到采动影响，轴部各测点构造应力迅速增加，大致呈现距离煤层越远构造应力越大的特点；当工作面推进至距离轴部 4 m 时，受到采动的影响，其构造应力达到最大值，冲击危险极为严重。

（5）工作面推过背斜轴以后，顶、底板仍有一定残余应力。

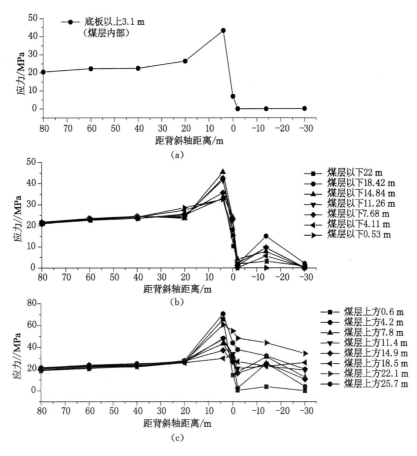

图 4-3　采动影响下背斜轴部最大主应力演化曲线
(a)煤层最大主应力;(b)底板最大主应力;(c)顶板最大主应力

4.1.4　背斜影响下煤壁前方冲击危险性能量分析

根据岩体动力破坏的最小能量原理[57],无论在一维、二维或三维应力状态下岩体动力破坏所需要的能量总是等于一维应力状态下破坏所消耗的能量。因此,无论是单轴压缩破坏还是剪切方式破坏,其破坏的条件均为应力超过单轴抗压强度或抗剪强度,即 $\sigma > \sigma_c$ 或 $\tau > \tau_c$,对应的能量消耗准则为:

$$E_c = \frac{\sigma_c^2}{2E} \quad \text{或} \quad E_c = \frac{\tau_c^2}{2G} \tag{4-1}$$

冲击地压一般发生于处于脆性状态的煤岩体中,此时,煤岩体处于三向应力状态,积累了大量的弹性应变能,广义胡克定理三向受力状态下的煤体弹性应变能计算公式为:

$$E_0 = \frac{\sigma_1^2 + \sigma_2^2 + \sigma_3^2 - 2\mu(\sigma_1\sigma_2 + \sigma_1\sigma_3 + \sigma_3\sigma_2)}{2E} \tag{4-2}$$

式中　　E——弹性模量;

　　　　μ——泊松比;

　　　　σ_1——最大主应力;

　　　　σ_2——中间主应力;

σ_3——最小主应力。

根据能量理论,当煤体—围岩力学系统失稳所释放的能量大于所消耗的能量时发生冲击地压,由此建立冲击地压启动能量判据为:

$$E_0 - E_c > 0 \tag{4-3}$$

由式(4-1)、式(4-2)、式(4-3)可知,若煤体给定,E 和 μ 就给定,研究区域贮存的弹性应变能就取决于该位置主应力大小,当 $E_0 > E_c$ 时,煤壁前方就可能发生冲击地压,其数值越大,冲击危险性就越强。

本次模拟取煤体抗压强度 $\sigma_c = 30.8$ MPa,弹性模量 $E = 3.38$ GPa,泊松比 $\mu = 0.32$,则由式(4-1)可知:$E_c = 140.33$ kJ/m³。

不同推进步距下煤壁前方支承压力峰值处 $E_0 - E_c$ 值见表 4-2,对应的 $E_0 - E_c$ 值曲线如图 4-4 所示。

表 4-2　　　　　不同推进步距下煤壁前方支承压力峰值处 $E_0 - E_c$ 值

工作面距轴部距离/m	工作面推进步距/m	最大主应力/MPa	中间主应力/MPa	最小主应力/MPa	弹性应变能/(kJ/m³)	$E_0 - E_c$/(kJ/m³)
60	36	40.75	15.55	10.51	181.743 3	41.413 31
40	56	41.93	16.51	14.42	185.837 5	45.507 45
20	76	51.23	18.89	14.29	284.749 9	144.419 9
4	92	142.6	14.69	39.08	2 485.669	2 345.339
0	96	40.76	23.64	14.78	179.411 3	39.081 33
-2	98	44.00	16.30	11.68	211.294 4	70.964 36
-14	110	38.19	14.26	9.581	160.276 2	19.946 19
-30	126	32.62	12.70	8.809	115.727	-24.603

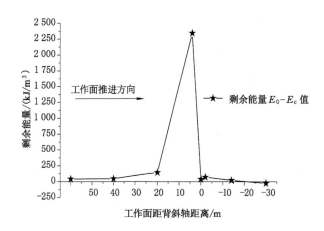

图 4-4　距背斜轴不同距离下支承压力峰值处 $E_0 - E_c$ 曲线

由表 4-2 和图 4-4 可知:

(1) 当工作面距离背斜轴部大于 40 m 时,随着工作面推进,煤壁前方支承压力峰值处能量缓慢增长,冲击危险变化不大。

（2）当工作面距背斜轴 40～4 m 时，能量随采动迅速增高，冲击危险不断增强，特别是当工作面距背斜轴 4 m 时，支承压力峰值处 E_0-E_c 值达到最大值 2 345.339 kJ/m³，冲击危险大大增强，再加上动载影响，若不采取有效防冲措施，极有可能发生冲击地压灾害。

4.1.5　背斜影响下煤壁前方剪切失稳冲击危险分析

天然岩体被节理、裂隙等切割为按照一定规则排列的块体，在深部环境中，受到较高压力影响，这部分结构面及其周围岩块可能贮藏有较高的弹性应变能，在采动影响下，一旦岩体沿着某些结构面发生剪切破坏，贮存在结构面及相邻岩块中的弹性应变能可能瞬时沿着采动空间释放出来，造成冲击地压。

假设岩体的受力状态如图 4-5 所示，其中 σ_1 表示最大主应力，σ_3 表示最小主应力，σ_a 表示结构面正应力，τ_a 表示结构面切向应力，其合力用 R 表示，α 为 σ_a 和 R 的夹角。作用在结构面上的正应力和剪应力的关系可用下式表示：

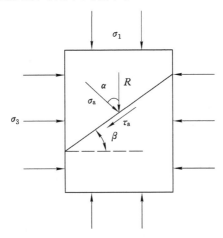

图 4-5　结构面的面摩擦效应

$$\tau=\sigma f=\sigma\tan\varphi \tag{4-4}$$

式中　φ——岩体接触表面的摩擦角。

由此，可根据夹角 α 和 φ 的关系来判别岩体是否生发滑动，其判别准则如下：

$$\left.\begin{aligned}稳定&:\alpha<\varphi\\极限&:\alpha=\varphi\\破坏&:\alpha>\varphi\end{aligned}\right\} \tag{4-5}$$

因此，α 接近 φ 时，岩体系统变得不稳定；当 $\alpha>\varphi$ 时，岩体会发生破坏。

可用 $\tan\alpha$ 与 $\tan\varphi$ 的关系判定其稳定性，而

$$\tan\alpha=\frac{\tau_a}{\sigma_a} \tag{4-6}$$

结构面 φ 为某一定值，对于特定岩体，$\tan\alpha$ 越大，结构越不稳定，越容易发生剪切失稳，因此，可以根据煤壁前方支承压力峰值处剪切应力与垂直应力之比表示工作面不同推进步距下的冲击危险性。

支承压力峰值处是工作面冲击失稳危险严重的地方，不同推进步距下煤壁前方支承压

力峰值处 $\tan\alpha$ 值如表 4-3 所列,对应的 $\tan\alpha$ 值曲线如图 4-6 所示,其中"一"表示工作面已经推过向斜轴。

表 4-3 不同推进步距下煤壁前方支承压力峰值处正应力与剪应力之比

工作面距轴部距离/m	60	40	20	4	0	−2	−14	−30
工作面推进步距/m	36	56	76	92	96	98	110	126
正应力 σ_α/MPa	41.14	62.23	39.55	27.87	24.92	23.44	55.02	26.65
剪应力 τ_α/MPa	6.382	11.75	9.762	7.993	6.213	5.844	13.72	6.624
$\tan\alpha$	0.155	0.185	0.247	0.288	0.249	0.249	0.249	0.249

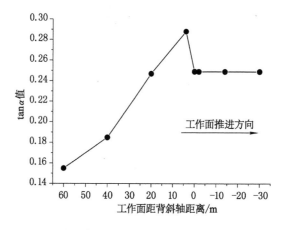

图 4-6 距背斜轴不同距离处支承压力峰值处 $\tan\alpha$ 值

由表 4-3 及图 4-6 可知:

(1) 当工作面距背斜轴 60～4 m 时,即当工作面在背斜翼部时,随着工作面的推进,其 $\tan\alpha$ 值不断增加,煤壁前方剪切失稳危险不断增大,工作面距离背斜轴 4 m 时达到最大。

(2) 当工作面在背斜轴及推过背斜轴以后,$\tan\alpha$ 值迅速降低,最终保持在 0.249,其剪切失稳造成的冲击危险变化不大。

4.2 向斜构造区域开采冲击危险性分析

4.2.1 向斜数值模型

模型长取 300 m,高取 180 m,煤层厚度 6 m。模型左右边界施加水平约束,下部边界施加垂直约束,上部边界施加垂直方向等效载荷($P=\gamma H$)以模拟模型上覆岩层的自重,其中 γ 取 25 kN/m³,H 取 800 m,由此得出等效载荷为 20 MPa。水平成因的构造单元中的水平方向最大主应力可以比垂直应力高 3～5 倍,于轴部一定范围施加 60 MPa 水平应力。由于采用莫尔—库仑本构模型,若在刚开始就在轴部加以高初始应力,可能使得模型一开始就发生塑性流动,因此,考虑两次平衡来获得高应力,即两边和底部施以位移边界,上部施加高均布载荷使模型平衡以后,再给模型轴部一定范围施加初始条件,然后运行使之平衡,模型如图 4-7 所示,模型岩体力学参数如表 4-4 所列。

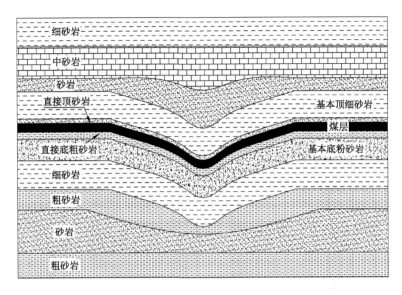

图 4-7 向斜数值模型

表 4-4   模型岩体物理力学参数

	体积模量/GPa	切边模量/GPa	内摩擦角/(°)	内聚力/MPa	抗拉强度/MPa	密度/(kg/m³)
粗砂岩	18	10.5	34	8.9	1.8	2650
砂岩	33.08	24.81	37	4.3	1.66	2600
粗砂岩	18	10.5	34	8.9	1.8	2650
细砂岩	23	12	30	7.5	1.2	2700
粉砂岩	15.6	10.8	30	7.2	5.0	2600
粗砂岩	18	10.5	34	8.9	1.8	2650
煤层	3.13	1.28	28	3.5	0.9	1480
砂岩	33.08	24.81	37	4.3	1.66	2 600
砂岩	23	12	30	7.5	1.2	2 700
砂岩	33.08	24.81	37	4.3	1.66	2 600
中砂岩	21	12	40	7.3	5.9	2 500
细砂岩	23	12	30	7.5	1.2	2 700

为了消除边界效应的影响,模型从距左边界起 56 m 处开始开挖。通过监测工作面前方 60 m 的支承压力,揭示向斜影响下工作面超前支承压力演化规律;通过监测向斜轴部应力变化,揭示采动对向斜轴部集中应力的影响。

4.2.2 向斜影响下煤壁前方支承压力演化规律

本次数值模拟监测了煤壁前方 60 m 范围的支承压力,不同推进步距下煤壁前方支承压力变化如图 4-8 所示。

由图 4-8 可知:

(1) 受到向斜轴部高构造应力的影响,与一般支承压力曲线相比,工作面前方支承压力曲线呈现明显的分异现象。

(2) 随着工作面不断推进,煤壁前方支承压力峰值不断变化,从工作面开始推进至向斜

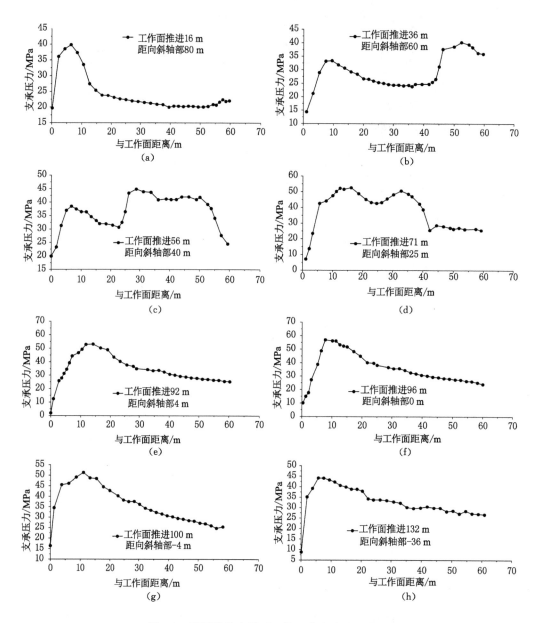

图 4-8　不同推进步距下工作面前方支承压力图

轴部的过程中,支承压力不断增加,冲击危险性不断增大,当其推进至向斜轴部时,达到最大值 57 MPa,冲击危险性大大增加。当工作面推过向斜轴部时,支承压力峰值开始降低,冲击危险性开始减弱。

(3) 初始采动支承压力影响范围为 20 m 左右,随着工作面向前推进,支承压力与向斜轴部高原岩应力相互作用,支承压力影响范围有所扩大,是冲击危险严重区域;当工作面推过向斜轴部时,其影响范围有所减小。

(4) 随着工作面的推进,工作面前方支承压力与向斜高构造应力呈现出"连接—叠加—分离"现象:当工作面距离向斜轴部 40 m 时,工作面前方支承压力开始与向斜轴部高应力发生连接,在煤壁前方形成大范围应力增高区,冲击危险极为严重;当工作面距离向斜轴部40～－4 m时,两者相互叠加,冲击危险进一步增大,当工作面位于向斜轴时,发生冲击危险的可能性达到最高;当工作面推进至向斜轴部－12 m时,两者发生分离,支承压力分布趋于正常,冲击危险开始减弱。

4.2.3 采动影响下向斜轴部构造应力演化规律

本次数值模拟于向斜轴部设置了1条竖直观测线,监测了顶板上方0.6 m、5.9 m、16.4 m、26.9 m和42.7 m共5个点,底板以下5.16 m、10.42 m、15.68 m、20.96 m和36.74 m共5个点,煤层底板以上0.11 m和5.37 m共2个点。测线所测向斜轴部附近最大主应力随工作面推进演化曲线如图4-9所示。

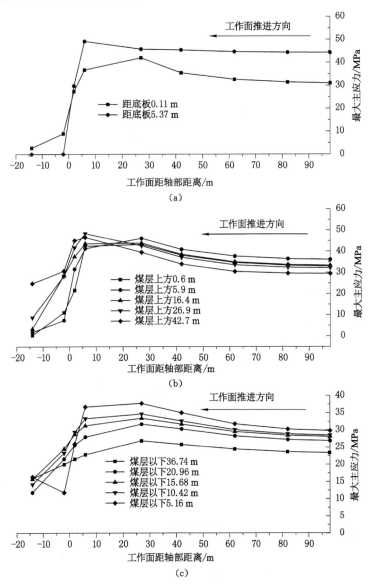

图 4-9 采动影响下向斜轴部最大主应力演化曲线

(a) 煤层;(b) 顶板;(c) 顶板

由图 4-9 可知：

（1）随着工作面的推进，顶底板及煤层各测点的变化规律基本一致。

（2）受采动影响，向斜轴煤层及顶底板应力不断增长，但当工作面推进到距测线 23～2 m 范围时，顶板应力仍呈上升趋势，底板应力则开始下降，煤层应力则出现分异现象。

（3）煤层未开挖时，向斜轴部附近构造应力大致呈现煤层应力高于顶底板应力，顶板应力高于底板应力，距离煤层距离越近，构造残余应力越大的特点。

（4）当工作面推进至距离测线 2 m 时，受到支承压力和构造应力的耦合作用，顶板和煤层应力达到最大值 47 MPa 左右，底板应力也达到 35 MPa，此时若不采取适当的防冲措施，则很有可能发生冲击地压事故。

（5）工作面推过测线以后，顶底板各测点仍有一定的残余应力，随着距煤层上边界距离的不同，其残余应力不一，上位顶板残余应力大，下位顶板残余应力小；底板内各点应力变化情况则相反。

（6）从整体来讲，随着工作面向前推进，向斜轴部附近平巷的冲击危险性不断增大，若采取的卸压解危措施不当，则可能发生巷道冲击。

4.2.4 向斜影响下煤壁前方冲击危险性能量分析

煤壁前方支承压力增高区是冲击危险严重的区域，而支承压力峰值距离工作面煤壁一般较近，当该处受到扰动而发生冲击的时候，对于工作面稳定性影响极大。

力学分析及各参数取值参照 4.1.4 部分，不同推进步距下煤壁前方支承压力峰值处的受力状态见表 4-5，其对应的 E_0-E_c 值曲线如图 4-10 所示，其中"－"表示工作面已经推过向斜轴。

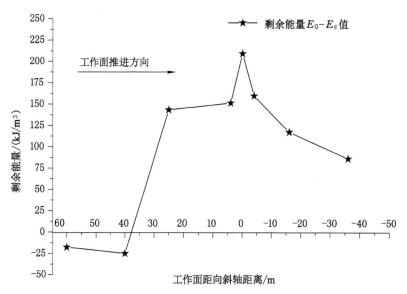

图 4-10 距向斜轴不同距离下支承压力峰值处 E_0-E_c 曲线

表 4-5　　　　　　　　不同推进步距下煤壁前方支承压力峰值处受力状态

工作面距轴部距离/m	工作面推进步距/m	最大主应力/MPa	中间主应力/MPa	最小主应力/MPa	弹性应变能/(kJ/m³)	$E_0 - E_c$/(kJ/m³)
80	16	40.140	9.169	5.705	194.120	53.789
60	36	33.400	11.000	8.779	122.638	−17.690
40	56	32.920	13.340	10.480	115.411	−24.920
25	71	52.150	25.560	20.810	283.717	143.386
4	92	53.090	26.930	25.150	291.905	151.574
0	96	56.930	25.680	16.510	349.781	209.450
−4	100	53.330	25.330	18.750	300.118	159.787
−16	112	48.780	16.50	14.470	257.612	117.281
−36	132	46.140	16.220	16.030	226.363	86.0318

由表 4-5 与图 4-10 可知：

（1）在采动影响下，受向斜轴部高构造应力的影响，不同推进步距下工作面前方支承压力峰值处剩余能量大致呈马鞍形分布，轴部所贮能量最高，两端逐渐减小，靠近轴部时冲击危险性增高，远离轴部时冲击危险性减小；

（2）当工作面推进 16 m 时，采场悬顶 24 m 左右，$E_0 - E_c = 53.789$ kJ/m³ > 0，工作面具有潜在冲击危险，由压力拱理论可知，此时拱脚处煤壁承受着较高的压力，该处冲击危险是由悬顶导致的；

（3）随着工作面不断向向斜轴部推进，$E_0 - E_c$ 值不断增长，冲击危险性不断增大，当工作面推进到向斜轴部时，$E_0 - E_c$ 达到最大值 209.450 kJ/m³，此处工作面冲击危险性大大增强；

（4）当工作面推过向斜轴时，$E_0 - E_c$ 值不断减小，工作面冲击危险性开始减弱。

4.2.5　背斜影响下煤壁前方剪切失稳冲击危险分析

支承压力峰值处冲击危险较为严重，具体力学分析参照 4.1.5 部分所述，不同推进步距下煤壁前方支承压力峰值处 $\tan \alpha$ 值如表 4-6 所列，对应的 $\tan \alpha$ 值曲线如图 4-11 所示，其中"—"表示工作面已经推过向斜轴。

表 4-6　　　不同推进步距下煤壁前方支承压力峰值处正应力与剪应力之比

工作面距轴部距离/m	80	60	40	25	4	0	−4	−16	−36
工作面推进步距/m	16	36	56	71	92	96	100	112	136
正应力/MPa	30.76	32.35	36.98	49.25	50.43	22.03	74.38	48.27	47.68
剪应力/MPa	5.877	5.477	6.920	15.81	10.55	12.66	19.92	5.225	3.616
$\tan \alpha$	0.191	0.169	0.187	0.321	0.209	0.575	0.268	0.108	0.001

由表 4-6 及图 4-11 可知：

（1）当工作面距离向斜轴部大于 40 m 时，工作面前方支承压力峰值处 $\tan \alpha$ 值变化不大，集中在 0.18 左右，工作面冲击危险性受轴部高构造应力影响不大；

（2）当工作面距离向斜轴部 40 m 之内时，$\tan \alpha$ 值迅速增长，在工作面推进至向斜轴部时达到最大值 0.575，此时，煤壁前方发生剪切失稳概率较大，冲击危险性较高；

（3）工作面推过向斜轴时，$\tan \alpha$ 值开始减小，冲击危险性逐渐减小；

（4）越靠近向斜轴部的地方，支承压力峰值处剪应力值越高，$\tan \alpha$ 值越大，煤壁冲击失

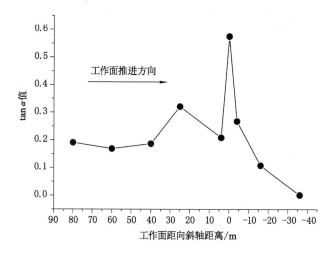

图 4-11 距向斜轴不同距离处支承压力峰值处 $\tan\alpha$ 值

稳危险越大。

4.3 断层构造区域开采冲击危险性分析

4.3.1 断层数值模型

A 煤矿 1310 工作面位于 3 下 煤层,煤层厚度为 2.3～3.5 m,煤层赋存稳定,煤层倾角 3°～14°,平均 7°,$f=1.7$。在 1310 工作面开采范围内煤层平均厚度为 3.2 m;局部地段有伪顶,岩性为泥岩或泥质粉砂岩,一般厚度为 0～2 m,最大约 10 m;由于煤层受冲刷影响,所以局部地段煤层变薄甚至缺失。工作面走向长度为 730～750 m,倾向长度为 170 m 左右,埋深为 800 m,且该工作面穿过落差为 6 m,倾角为 60° 的正断层。

以 A 煤矿 1310 工作面过断层为例建立三维数值计算模型,1310 工作面模型尺寸设置为 200 m×300 m×100 m,边界条件为:模型 Z 方向上部为自由面,施加竖向荷载模拟上覆岩层的自重荷载,模型 Z 方向底面限制垂直方向位移,模型 X、Y 方向限制水平移动。工作面埋深为 800 m,故模型上边界施加 19.6 MPa 的应力值,重力加速度为 9.8 m/s²,工作面沿 Y 轴布置长度为 200 m,并沿 X 轴负方向推进。1310 工作面三维数值模拟计算模型如图 4-12 所示,该模型的力学参数如表 4-7 所列。

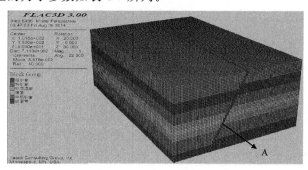

图 4-12 断层计算三维模型

表 4-7   模型中岩层属性参数取值

岩性	密度/(kg/m³)	弹性体积模量 K/GPa	弹性切变模量 G/GPa	内摩擦角/(°)	内聚力/MPa	抗拉强度/MPa
粉砂岩	2 470	15.8	10.8	33	7.2	3.4
细砂岩	2 700	23	12	36	7.5	3.1
中粗砂岩	2 650	18	10.5	38	8.9	1.8
砂质泥岩	2 140	3.1	2.2	33	4.7	2.3
煤	1 480	3.2	2.35	30	2.5	1.9
断层带	2 700	3.2	2.45	15	0.16	0.12

断层大多数为非活动断裂,经过漫长的地质年代,由于松弛效应,贮存在岩体内的构造应力随之减少。在数值模拟中未考虑断层附近残余构造应力的影响,数值模型围岩应力为静水应力状态,通过在模型断层上下盘间添加断层带模拟断层活化对工作面前方支承压力、能量场等诱冲因素的变化规律,揭示正断层下盘开采诱发冲击地压的作用机制。

在断层带、开采煤层内设置监测点,记录各监测点应力、位移及弹性应变能随工作面回采的动态变化规律。探讨工作面距断层不同距离时对断层活化的影响,同时探究断层活化对工作面超前支承压力、顶板下沉量及弹性应变能分布的影响规律。

该模型为正断层,工作面布置在断层下盘。沿 X 轴负方向推进,分布开挖 10 m、20 m、30 m、40 m、50 m、60 m、70 m、80 m、90 m、100 m 、110 m 逐步向断层推进,考察工作面在不断推进过程中对断层活化的影响规律。

4.3.2   断层影响区煤壁前方应力场演化规律

随着 1310 工作面推进,模拟并监测工作面距断层不同位置处断层对工作面前方支承压力峰值分布及应力集中系数的影响情况,如表 4-8 和图 4-13 所示。随着工作面不断推进靠近断层,工作面前方支承压力峰值将不断增加,前方应力集中系数也随之增大。当工作面推进至距断层 80 m 时,工作面前方支承压力峰值为 58.54 MPa,应力集中系数为 2.80;当工作面推进至距断层 40 m 时,工作面前方支承压力峰值为 66.72 MPa,应力集中系数为 3.19;当工作面推进至距断层 20 m 时,工作面前方支承压力峰值为 72.03 MPa,应力集中系数为 3.45;而当工作面距断层 10 m 时,相当于 10 m 的小煤柱,此时作用在煤壁前方垂直应力峰值为 76.81 MPa,应力集中系数为 3.67。通过曲线拟合,可得工作面走向垂直应力峰值随着工作面与断层距离 x 的变化关系,如式(4-7)所示。由此可知,随着工作面与断层的距离逐渐减小,煤壁与断层之间的煤柱尺寸将逐渐减小,煤柱内形成了较高的应力梯度,从而使该区域发生冲击地压的可能性大大增加。

表 4-8   煤体应力峰值

距断层距离/m	10	20	30	40	50	60	70	80	90	100	110
应力峰值/MPa	76.81	72.03	68.27	66.72	65.70	63.40	61.10	58.54	53.04	45.88	37.25
应力集中系数 K	3.67	3.45	3.27	3.19	3.14	3.03	2.93	2.80	2.54	2.20	1.78

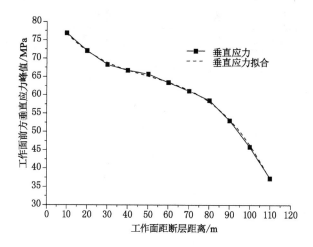

图 4-13　工作面距断层不同距离煤壁前方垂直应力峰值分布曲线

$$\sigma = 83.346 - 0.789x + 0.012\ 8x^2 - 8.59 \times 10^{-5}x^3 \tag{4-7}$$

式中　σ——工作面前方垂直应力峰值，MPa；

　　　x——工作面距断层距离，m。

断层附近处垂直应力分布如图 4-14 所示，采动对断层的影响随着采煤工作面距断层越近将越显著，且工作面距离断层越近断层附近垂直应力值将呈类指数形式增加。当采煤工作面距断层距离大于 70 m 时，采动引起断层位置 A 处垂直应力增加的幅度较为平缓，最大垂直应力为 21.75 MPa；采煤工作面从距断层 70 m 处逐渐向断层不断推进时，采动对断层位置 A 处垂直应力增加较为明显，且垂直应力梯度随着工作面距断层越近将急剧增大。随着工作面距断层较近时，对断层活化的影响较为明显，通过曲线拟合，可得断层位置 A 处垂直应力随工作面与断层距离 x 的变化关系，如式（4-8）所示。

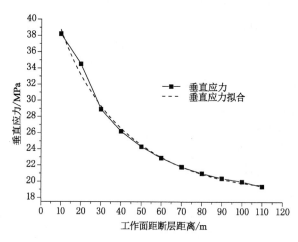

图 4-14　断层附近处垂直应力分布曲线

$$\sigma = \frac{1.0 \times 10^8}{2.11 + 4.94 \times 10^{-2}x - 2.0 \times 10^{-4}x^2} \tag{4-8}$$

式中 σ——断层附近垂直应力值,MPa。

4.3.3 断层影响区工作面顶板运动规律

为了研究断层对顶板运动规律的影响,当工作面每推进一次时,在模型计算前在靠近煤壁上方的顶板位置处布置监测点,模型运算平衡后记录下这个点的垂直位移就可以反映工作面推进至此位置时顶板下沉量。

表 4-9 为工作面距断层不同距离位置处监测点的垂直位移,即顶板下沉量,然后根据曲线拟合,可得顶板下沉量随工作面与断层距离 x 的变化关系,如式(4-9)、图 4-15 所示。

$$y = -714.21 \times \ln[0.187 \times \ln x] \tag{4-9}$$

式中 y——顶板下沉量,mm;

x——工作面距断层距离,m。

表 4-9　　　　　　　　　　　　　　　顶板下沉量

距断层距离/m	10	20	30	40	50	60	70	80	90	100	110
顶板下沉量/mm	569.1	439.3	326.3	276.1	240.9	200.9	180.6	161.2	120.9	79.1	45.2

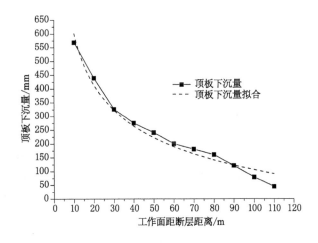

图 4-15　工作面距断层不同距离处顶板下沉量分布曲线

当工作面距断层距离大于 90 m 时,顶板下沉量变化较为平缓;当工作面距断层小于 90 m 时,顶板下沉量随着工作面向断层推进逐渐增加;而当工作面距断层距离小于 40 m 时,顶板下沉量急剧增大,顶板运动剧烈,从而可能导致顶板型冲击地压的发生。

4.3.4 断层影响区煤壁前方冲击危险能量分析

采煤工作面距断层不同距离时煤壁前方弹性应变能密度峰值变化如图 4-16 所示,由图可知,煤壁前方的弹性应变能密度峰值随着工作面距断层位置越近而增大,且应变能密度梯度不断增加。当采煤工作面距断层 60 m、50 m、40 m、30 m、20 m、10 m 位置时,煤壁前方弹性应变能密度峰值依次为 326.06 kJ/m³、350.36 kJ/m³、370.39 kJ/m³、396.67 kJ/m³、410.78 kJ/m³、505.67 kJ/m³。通过曲线拟合,可得工作面走向弹性应变能密度峰值随工作面与断层距离 x 的变化关系,如式(4-10)、图 4-16 所示。由此可知,工作面距断层距离的缩小致使煤壁与断层之间的煤体积聚大量的弹性能,从而使该附近成为冲击地压发生的重点区域。

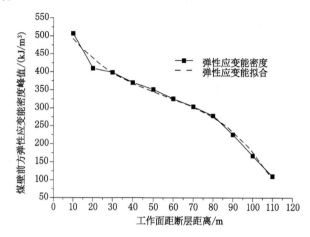

图 4-16　距断层不同距离处煤壁前方弹性应变密度峰值

$$E = 569\ 098.48 - 8\ 836.61x + 124.52x^2 - 0.75x^3 \qquad (4\text{-}10)$$

式中　E——弹性应变能密度,kJ/m³;

　　　x——采煤工作面距断层的距离,m。

工作面采动对断面活化的影响和断层活化对工作面应力及弹性能的影响两者相互影响。采煤工作面向断层推进致使断层应力及弹性应变能密度开始增加,断层逐渐活化。当工作面推进至距断层分别为 60 m、50 m、40 m、30 m、20 m、10 m 位置时,断层位置 A 处弹性应变能密度依次分别为 48.85 kJ/m³、56.11 kJ/m³、68.43 kJ/m³、85.53 kJ/m³、126.32 kJ/m³、165.67 kJ/m³。通过曲线拟合,可得断层位置 A 处弹性应变能密度随采煤工作面距断层距离 x 的关系式,如式(4-11)、图 4-17 所示,工作面距断层 70 m 处继续向断层推近将使断层附近的弹性应变能急剧增加,从而使发生冲击地压的可能性大大增加。

$$E = 8.05 \times 10^5 x^{-0.667\ 03} \qquad (4\text{-}11)$$

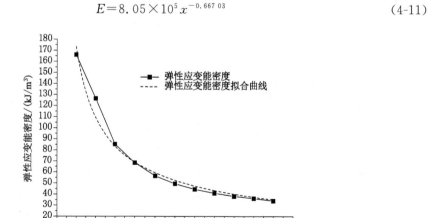

图 4-17　距断层不同距离断层附近弹性能密度

4.4 坚硬顶板条件下开采冲击危险性分析

4.4.1 坚硬顶板工作面数值模型

以 B 煤矿 5305 工作面地质条件为背景,运用 FLAC3D 数值模拟软件,建立 5305 坚硬顶板工作面数值模拟模型。

模型尺寸的确定:B 煤矿 5305 工作面宽为 230 m,平巷宽为 4.8 m,为了减小模型边界效应的干扰,沿 x,y 轴方向边界处保留 30 m 宽的煤柱。根据模型需要,设计模型尺寸 565 m×180 m×150 m(长×宽×高),划分网格数为 144 180,节点数为 158 212;5305 工作面煤层倾角平均 4°,将其近似视为水平煤层,三维数值计算模型如图 4-18 所示。

边界条件:模型 x 轴为工作面布置方向,y 方向为工作面推移方向,z 轴为垂直方向,模型顶部边界施加竖直方向的等效荷载($q=\gamma h$)模拟上覆岩层的自重,其中 γ 为模型上覆岩层的平均容重,取 25 kN/m³,h 为模型上部至地表的平均距离,煤层埋深为 950 m,模型上边界至地表为 855 m,得到等效荷载为 21.375 MPa,故模型上边界施加 21.375 MPa 的应力值,水平侧压力系数为 1。

图 4-18 三维数值模型

模型中煤岩层的力学参数的选取是基于 5305 工作面附近钻孔所得,根据对钻孔综合柱状图的分析,模拟中煤岩层力学特征参数的确定与现场实际煤岩体岩石物理力学特性保持一致,如表 4-10 所示。

表 4-10　　　　　　　　　　煤岩层物理力学参数

岩层	岩性	密度/(kg/m³)	体积模量 K/GPa	剪切模量 G/GPa	内聚力/MPa	抗拉强度/MPa
顶板	粉砂岩	2 500	7.3	5.1	3.2	2.8
	泥岩	2 650	4.7	2.83	2.7	2.21
	粉砂岩	2 500	7.3	5.1	3.2	2.8
	泥岩	2 650	4.7	2.83	2.7	2.21
	粉砂岩	2 500	7.3	5.1	3.2	2.8
	细砂岩	2 700	9.2	7.7	3.5	3.2
	泥岩	2 650	4.7	2.83	2.7	2.21
	中砂岩	2 570	11.8	8.1	4.3	4.84
	泥岩	2 650	4.7	2.83	2.7	2.21
	中砂岩	2 570	11.8	8.1	4.3	
	粉砂岩	2 500	7.3	5.1	3.2	2.8
	泥岩	2 650	4.7	2.83	2.7	2.21
	中砂岩	2 570	11.8	8.1	4.3	4.84
	泥岩	2 650	4.7	2.83	2.7	2.21

岩层	岩性	密度/(kg/m³)	体积模量 K/GPa	剪切模量 G/GPa	内聚力/MPa	抗拉强度/MPa
煤层	3上煤	1 350	2.1	1.78	1.8	1.25
底板	泥岩	2 650	4.7	2.83	2.7	2.21
	细砂岩	2 700	9.2	7.7	3.5	3.2
	泥岩	2 650	4.7	2.83	2.7	2.21
	3下煤	1 350	2.1	1.78	1.8	1.25
	粉砂岩	2 500	7.3	5.1	3.2	2.8

原岩状态下,煤岩体处于弹性状态,所以建模过程中选择理想的弹塑性本构模型,模拟工作面开挖采用莫尔—库仑模型。

模拟方案如下:

(1)在煤层上方坚硬顶板中部布设测线,利用 hist 命令记录工作面不同推移距离下坚硬顶板的应力分布规律。

(2)在工作面推移方向中部布置监测线,利用 hist 命令记录工作面不同推移距离下支承压力分布规律。

(3)根据能量计算公式、编写程序、计算模拟,研究不同推移距离下坚硬顶板工作面附近煤岩系统能量分布规律。

4.4.2 坚硬顶板弯曲—运动—破断运动规律

4.4.2.1 不同推移距离坚硬顶板塑性破坏特征

坚硬顶板工作面在回采期间,随着回采的不断推移,顶板的弯曲、破断等规律影响工作面的安全开采,本次模拟不同推移距离条件下坚硬顶板工作面采场塑性变化特征,分析顶板岩层弯曲破坏状态,研究工作面坚硬顶板对冲击危险的影响。

图 4-19 为不同推移距离下坚硬顶板塑性破坏特征,分析如下:

(1)工作面上覆岩层存在坚硬顶板,工作面初次推移,具有较大的来压步距,当工作面推移 8 m 时,采场顶板只是直接顶发生破坏,但破坏程度不大;推移 32 m 时,采空区后方局部有拉伸破坏,伴随着直接顶的破坏范围增大;随着工作面的不断推移,当推移范围为 56 m 时,位于直接顶上方的坚硬岩层开始出现大范围的整体破断滑移运动,在这个推移步距范围内,采场工作面初次来压显现,坚硬顶板垮落厚度为 10 m 左右,上方坚硬顶板以台阶式剪切破坏方式下沉。

(2)在上覆岩层出现初次垮落之前,由于采场随着不断的推移,采空区的形成为工作坚硬顶板下沉提供了空间,上覆岩层的自重加剧了顶板的弯曲下沉。当坚硬顶板悬空距达到了临界值时,靠近采空区前后位置附近坚硬顶板首先出现拉伸破坏;当工作面初次来压时,沿工作面煤壁周围坚硬顶板岩层发生大范围剪切破坏。

(3)当工作面初次来压之后,采场上覆岩层有最初的固支梁支承结构模型转变为悬臂梁结构;当工作面推移到一定距离时,由于上覆岩层自重荷载的影响,坚硬顶板工作面煤壁正上方初次出现剪切破坏。

(4)采场工作面不断向前推移,受坚硬顶板悬臂梁的影响,位于煤壁正上方剪切破坏范

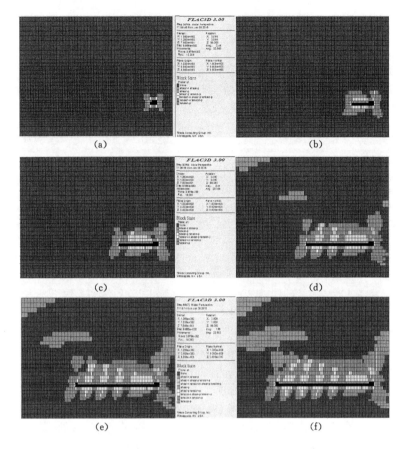

图 4-19　不同推移距离坚硬顶板塑性破坏特征图

(a) 工作面推移 8 m;(b) 工作面推移 32 m;(c) 工作面推移 56 m;

(d) 工作面推移 96 m;(e) 工作面推移 120 m;(f) 工作面推移 136 m

围缓慢增大。当工作面推移到 96 m 位置时,坚硬顶板在煤壁前方 20 m 范围出现剪切破坏;当工作面推移到 120 m 范围时,坚硬顶板在煤壁前方 25 m 范围出现剪切破坏;当工作面推移到 136 m 范围时,上覆坚硬顶板及岩层在煤壁前方 35 m 范围出现大面积剪切破坏;剪切破坏及顶板垮落运动在坚硬顶板初次来压和周期来压阶段发生,对采场工作面冲击地压防治产生较大影响。

(5) 受上覆岩层埋深大、原岩应力高的不利因素,及工作面超前位置坚硬顶板剪切破坏、岩层回转运动等的影响,工作面煤壁前方支承压力峰值区出现塑性破坏,工作面超前破坏范围大约在距煤壁 12 m 左右。

4.4.2.2　工作面布置方向不同位置坚硬顶板塑性破坏特征

在上覆岩层的作用下,研究工作面布置方向的不同位置处的顶板破断下沉运动规律,对工作面诱发冲击失稳及安全回采具有重要意义。本模拟通过将工作面推移 120 m 时沿模型中部做一切片,切片的外法线方向与模型的 x 轴平行,来研究坚硬顶板工作面在推移 120 m 时不同位置的破断—弯曲—运动规律,模拟结果如图 4-20 所示。

(1) 从图 4-20 可以看出,工作面不同位置处坚硬顶板破坏形式和破坏深度是不一样。

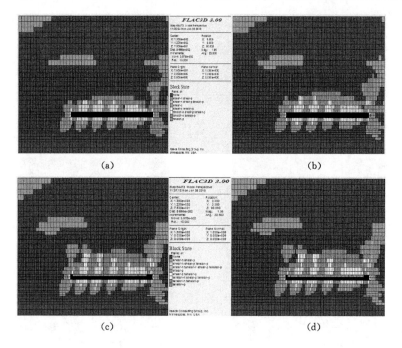

图 4-20　不同位置处坚硬顶板塑性破坏特征图（120 m 距离处）
(a) 距右侧平巷 20 m；(b) 距右侧平巷 50m；
(c) 距右侧平巷 90 m；(d) 距右侧平巷 130 m

在距右侧平巷 20 m 处，基本顶破坏深度为 12 m；在距右侧平巷 50 m 处，基本顶破坏深度为 16 m；在距右侧平巷 90 m 和 130 m 处，基本顶破坏深度均为 36 m，但破坏的范围是不一样，在 130 m 位置处破坏范围要比在 90 m 位置处破坏范围大。

（2）从工作面平巷到工作面中部方向来看，采空区坚硬顶板破坏范围和破坏深度逐渐增大，以拉伸破坏为主，整体破坏形式呈拱形；煤体前方顶板破坏深度不断增大，以剪切破坏为主，破坏形式呈半椭圆形。因此，工作面来压期间，工作面中部位置煤体承受着较高的动载作用，当支架初撑力不足或支架刚度不够时易发生压架或冲击事故。在现场需掌握工作面具体来压步距和作用时间等，才能最大限度地实现坚硬顶板条件下安全开采，同时这也为消除冲击地压诱发因素，做好了相应防冲准备。

4.4.3　坚硬顶板支承压力分布规律

随着工作面回采的不断推移，上覆坚硬顶板受到的支承压力也在同时发生着一系列重新分布与调整变化，分析不同推移步距下坚硬顶板来压规律对工作面支承压力分布特征的影响，可有效确定应力集中区域影响范围，对工作面冲击地压防治具有重要意义。

模拟 5305 工作面在不同推移距离下工作面周围应力分布情况，分析坚硬顶板工作面开采过程煤壁前方支承压力分布规律。根据采场应力分布规律，模拟设计监测数值以工作面正中部为监测方向，在不同推移距离下的超前支承压力分布如图 4-21 所示，支承压力分布曲线如图 4-22 所示。

分析图 4-21 和图 4-22 可得：

（1）随着采场工作面不断向前推移，煤岩体能量在推移线附近不断释放，垂直应力也不

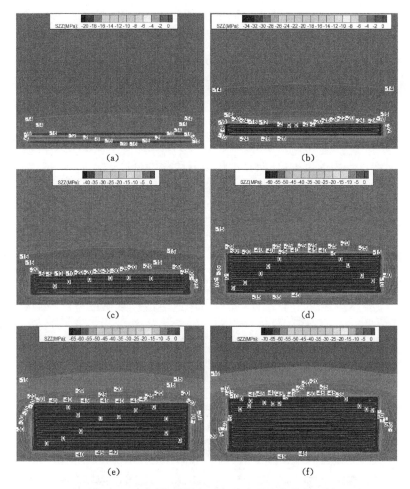

图 4-21 不同推移距离下超前支承压力分布云图

(a) 工作面推移 8 m;(b) 工作面推移 32 m;(c) 工作面推移 56 m;

(d) 工作面推移 96 m;(e) 工作面推移 120 m;(f) 工作面推移 136 m

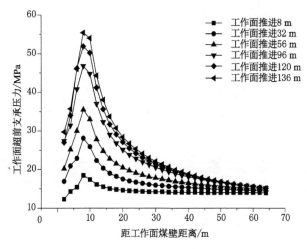

图 4-22 不同推移距离下煤壁前方支承压力分布曲线

断下降,煤壁后方采空区局部位置应力降低至最低;随着继续开采,采空区逐渐在直接顶下沉影响下充填采空区,应力又开始缓慢上升。

(2) 在工作面向前推移的过程中,煤壁前方坚硬顶板支承压力不断升高,应力峰值出现在工作面煤壁前方 7~9 m 处,这时基本顶为坚硬厚层中砂岩,不易破断,在基本顶来压前,会导致坚硬顶板岩层破断滑落,垂直应力增大,来压比较强烈,容易诱发冲击地压事故。

(3) 通过对工作面坚硬顶板支承压力曲线分析,工作面顶板支承压力先呈正指数关系增加至应力峰值然后再呈负指数关系逐渐降低至原岩应力,整体呈现一个上凸形变化趋势,并且随着工作面推进步距的增大,顶板支承压力峰值逐渐升高。

(4) 距煤壁前方 10 m 位置附近出现支承压力峰值,超前采动影响范围大概在 0~80 m 之间;当工作面分别推移至 32 m、96 m、136 m 时,煤壁前方超前支承压力峰值分别为 38.6 MPa、47.3 MPa、56.2 MPa,超过了发生冲击地压的基本应力水平。

4.4.4 坚硬顶板弹性应变能演化规律

运用 FLAC3D 数值软件中 FISH 语言,根据能量计算公式,编写坚硬顶板单元体弹性应变能密度程序,通过对模型结果分析,得到工作面超前位置坚硬顶板弹性应变能分布特征,如图 4-23 所示。

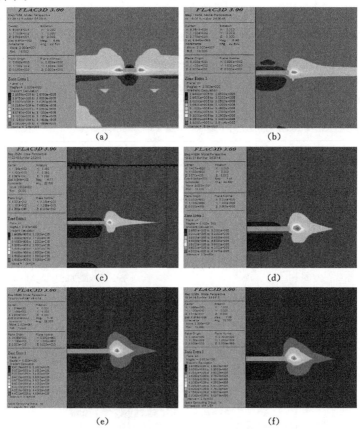

(a)　　　　　　　　　　　　(b)

(c)　　　　　　　　　　　　(d)

(e)　　　　　　　　　　　　(f)

图 4-23　不同推移距离下采场坚硬顶板弹性应变能分布图
(a) 工作面推移 8 m;(b) 工作面推移 24 m;(c) 工作面推移 56 m;
(d) 工作面推移 96 m;(e) 工作面推移 136 m;(f) 工作面推移 152 m

分析图 4-23 可以得到：

（1）随着工作面推移距离的不断加大，受超前支承压力的影响越来越明显，工作面煤壁前方弹性应变能密度不断增大，数值由最初的 309 kJ/m³ 逐渐增大到工作面推进 136 m 时 452.4 J/m³。

（2）随着工作面推移距离的不断加大，工作面前方弹性应变能增大范围不断扩大，不同推移距离时弹性应变能最大值也随着增加。坚硬顶板所受到的应力值达到极限强度后坚硬顶板内的积聚的弹性应变能将全部释放，必然会对工作面造成冲击影响。

（3）工作面推移到 56 m 距离位置附近时，坚硬顶板上方形成卸压区，这是由于工作面初次来压而导致形成的。

（4）随着工作面不断向前推移，坚硬顶板能量密度影响范围不断发展且逐渐增大，由最初的局部小范围发展到工作面四周大范围，在工作面煤壁前方形成弹性应变能局部集中区域。

通过对模拟记录、处理、绘制得到坚硬顶板岩层单元体应变能密度曲线，如图 4-24 所示。

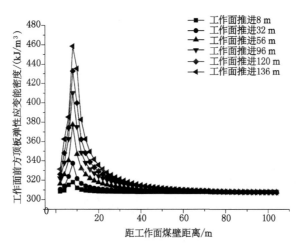

图 4-24 不同推移距离下工作面前方弹性能分布曲线

从图 4-24 中可以看出，在工作面推移过程中，受开挖活动的影响，工作面前方顶板弹性应变能密度呈先增加后减小的变化规律，大约在煤壁前方 8 m 位置处达到弹性应变能峰值，最大峰值为 465.3 kJ/m³；在煤壁前方 80 m 位置处以后弹性应变密度趋于原始状态，未受到采掘活动的影响，可以得出 5305 坚硬顶板煤壁前方影响范围为 0～80 m，在此区域回采要加强监测，防止冲击的发生。

4.5 条带开采煤柱冲击危险性分析

4.5.1 条带开采数值模型

采用 FLAC3D 软件模拟研究条带开采时煤柱的冲击危险性。模型长×宽×高＝400 m × 150 m × 100 m，采用莫尔—库仑模型。为消除模型边界效应，在模型边界各留一定宽度的煤柱,其中 X 方向为工作面方向,Y 方向为推进方向,如图 4-25 所示。边界条件为:模型四个侧面为水平位移约束,底面为竖向位移约束,顶面为载荷边界,载荷大小为模型上边界以上的上覆岩层自重,煤层埋深 1 000 m,故模型上边界施加 22.5 MPa 的垂直应力。各岩层所选取的物理力学参数如表 4-11 所列。

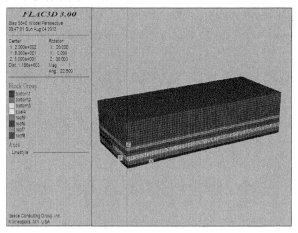

图 4-25　数值模拟模型图

表 4-11　　　　　　　　　　模型中各岩层物理力学参数表

岩层	岩性	厚度/m	密度/(kg/m³)	弹性体积模量 K/GPa	弹性切变模量 G/GPa	内摩擦角/(°)	内聚力/MPa	抗拉强度/MPa
顶板	砂岩	55	2 500	2	1.5	31	8	2
	砂质泥岩	7	2 480	1.94	1.11	31	4.5	1.59
	中砂岩	10.5	2 560	1.67	1	31	30.2	5.5
	砂质泥岩	2	2 480	1.94	1.11	31	4.5	1.59
煤层	煤	8.5	1 400	1.11	0.54	32	2	0.85
底板	砂质泥岩	2	2 480	1.94	1.11	31	4.5	1.59
	中砂岩	9	2 560	1.67	1	31	30.2	5.5
	细砂岩	6	2 560	2.44	1.68	27	8	3.2

模拟分为不回收煤柱、回收煤柱两种情况,为了模拟条带开采中不同采宽、留宽时煤柱及工作面前方应力、变形分布规律,制定如下模拟方案:

(1) 不回收煤柱

① 固定留宽——固定留宽 80 m,采宽分别取 60 m、80 m 和 100 m。

② 固定采宽——固定采宽 80 m,留宽分别取 80 m、60 m 和 40 m。

(2) 回收煤柱

以采宽 80 m、留宽 80 m 为例,回采中间煤柱,开采宽度分别为 24 m、40 m、64 m。

开挖顺序为:先采左边 1# 条带,再采右边 2# 条带,2# 条带工作面向前推进到 80 m,如图 4-26 所示。

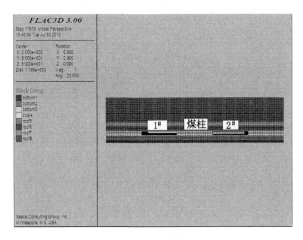

图 4-26 条带开采开挖顺序图

4.5.2 不回收煤柱情况下冲击危险性分析

4.5.2.1 固定留宽 80 m

（1）煤柱上的应力及变形

2#工作面向前推进到 80 m,采宽分别取 60 m、80 m 和 100 m 时,在靠近 2#工作面平巷的煤柱上沿推进方向布置一条测线,其应力分布及变形如图 4-27 至图 4-29 所示,其中,正值代表工作面前方,负值代表工作面后方。

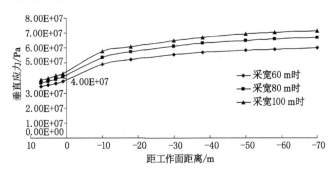

图 4-27 煤柱侧垂直应力分布曲线

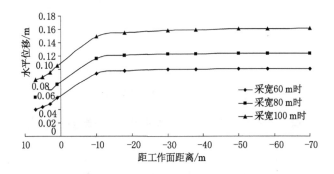

图 4-28 煤柱侧水平位移分布曲线

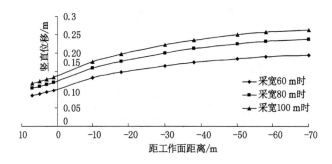

图 4-29　煤柱侧竖直位移分布曲线

由图 4-27 至图 4-29 可知,在工作面后方 10 m 处,3 种采宽下应力分别为 48.9 MPa、53.4 MPa、57.8 MPa,应力集中系数分别为 2.04、2.23、2.41(原岩应力 24 MPa),水平位移为 0.10 m、0.12 m、0.15 m,竖直位移为 0.13 m、0.16 m、0.18 m,且随着距工作面距离的增大,应力及位移均呈现增大趋势。由此可见,工作面后方 10 m 范围外,煤柱有发生冲击地压的危险性,且随着采宽的增大,发生冲击地压的危险性不断增大。

（2）工作面前方应力、变形及能量分布

$2^{\#}$ 条带工作面推进到 80 m 时,通过在工作面前方布置监测点,得到工作面前方的应力分布及变形如图 4-30 至图 4-32 所示。

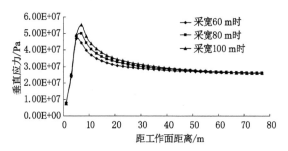

图 4-30　推进到 80 m 时工作面前方支承压力分布

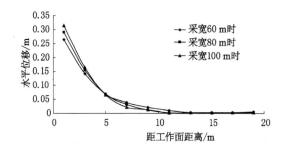

图 4-31　推进到 80 m 时工作面前方水平位移分布

由图中可以看出,当采宽分别为 60 m、80 m、100 m 时,随着工作面的推进,前方应力集中程度不断加大。当工作面推进到 80 m 时,前方超前支承压力峰值达到了最大值,分别为 47 MPa、50.2 MPa、55.3 MPa,分别超前工作面 5 m、7 m、7 m,应力集中系数分别为 1.96、

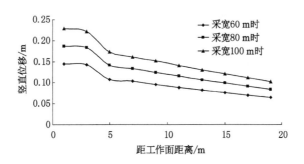

图 4-32　推进到 80 m 时工作面前方竖直位移分布曲线

2.09、2.3(原岩应力 24 MPa);煤壁处的位移最大,水平位移分别为 0.26 m、0.29 m、0.31 m,竖直位移分别为 0.14 m、0.19 m、0.23 m。由此可见,随着采宽的增大,工作面前方的支承压力和位移均增大,发生冲击地压的危险性大大增加,100 m 采宽时最易发生冲击地压,危险位置为工作面前方 7 m 附近范围内的平巷。

工作面前方的弹性应变能分布如图 4-33 所示,弹性应变能主要集聚在煤体中,顶板和底板集聚的弹性应变能相比煤体要小得多。3 种采宽下弹性应变能密度均随着距工作面距离的增大而逐渐减小,均在工作面前方 5 m 处达到峰值,分别为 569 kJ/m³,745 kJ/m³,885 kJ/m³。因此,3 种采宽下工作面前方 5 m 范围内的平巷为发生冲击地压的危险区域,且采宽 100 m 时最易发生冲击地压。

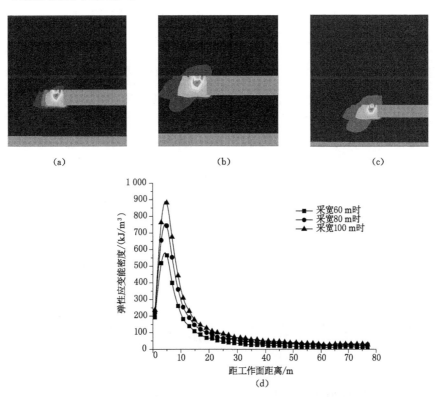

图 4-33　工作面前方弹性应变能密度分布图和曲线图

(a) 采宽 60 m 时密度图;(b) 采宽 80 m 时密度图;(c) 采宽 100 m 时密度图;(d) 曲线图

综上所述,固定留宽时,$2^{\#}$条带工作面后方 10 m 范围外及工作面前方 7 m 范围内的平巷易发生冲击地压,且采宽越大,发生冲击地压的可能性越大。

4.5.2.2 固定采宽 80 m

(1)煤柱上的应力及变形

固定采宽 80 m,留宽分别取 80 m、60 m 和 40 m 时,$2^{\#}$工作面向前推进到 80 m,在靠近$2^{\#}$工作面平巷的煤柱上沿推进方向布置一条测线,其应力分布及变形如图 4-34 至图 4-36 所示,其中,正值代表工作面前方,负值代表工作面后方。

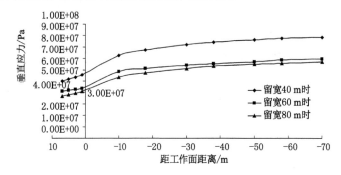

图 4-34　煤柱侧垂直应力分布曲线

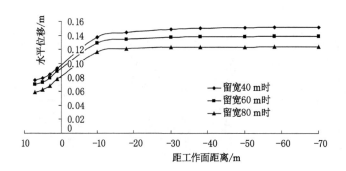

图 4-35　煤柱侧水平位移分布曲线

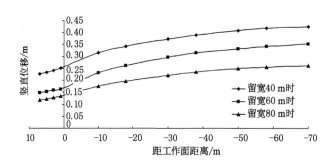

图 4-36　煤柱侧竖直位移分布曲线

由图中可知,留宽分别为 80 m、60 m 和 40 m 时,工作面后方 10 m 处的应力分别为 53.4 MPa、58.4 MPa、72.6 MPa,应力集中系数分别为 2.23、2.43、3.03(原岩应力 24 MPa),水

平位移 0.12 m、0.13 m、0.14 m,竖直位移 0.18 m、0.23 m、0.31 m,且应力及位移随着远离工作面均呈现增大趋势。由此可见,工作面后方 10 m 范围外,煤柱有发生冲击地压的危险性,且随着留宽的减小,发生冲击地压的危险性不断增大。

（2）工作面前方应力、变形及能量分布

工作面推进到 80 m,在 2# 条带工作面前方布置监测点,得到工作面前方的应力分布及变形如图 4-37 至图 4-39 所示。

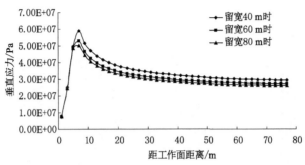

图 4-37 推进到 80 m 时工作面前方支承压力分布

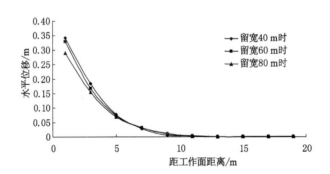

图 4-38 推进到 80 m 时工作面前方水平位移分布

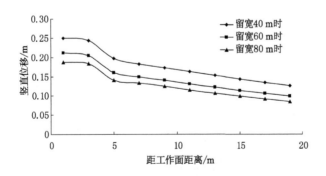

图 4-39 推进到 80 m 时工作面前方竖直位移分布曲线

由图中可以看出,当留宽分别为 80 m、60 m、40 m 时,随着工作面的推进,前方应力集中程度不断加大;当工作面推进到 80 m 时,前方超前支承压力峰值达到了最大值,分别为 50.2 MPa、52.9 MPa、59.1 MPa,超前工作面的距离均为 7 m,应力集中系数分别为 2.1、

2.2、2.46(原岩应力 24 MPa)。煤壁处的水平位移分别为 0.29 m、0.33 m、0.34 m,竖直位移分别为 0.19 m、0.21 m、0.25 m。由此可见,固定采宽情况下,随着留宽的减小,工作面前方的支承压力和位移均增大,发生冲击地压的危险性大大增加,40 m 留宽时最易发生冲击地压,危险位置为工作面前方 7 m 附近范围内的平巷。

工作面前方的弹性应变能分布如图 4-40 所示。从图中可以看出,3 种留宽下弹性应变能密度均随着和工作面距离的增大而逐渐减小,均在工作面前方 5 m 处达到峰值,分别为 745 kJ/m³,846 kJ/m³,993 kJ/m³。因此,3 种留宽下工作面前方 5 m 范围内的平巷为发生冲击地压的危险区域,留宽 40 m 时最易发生冲击地压。

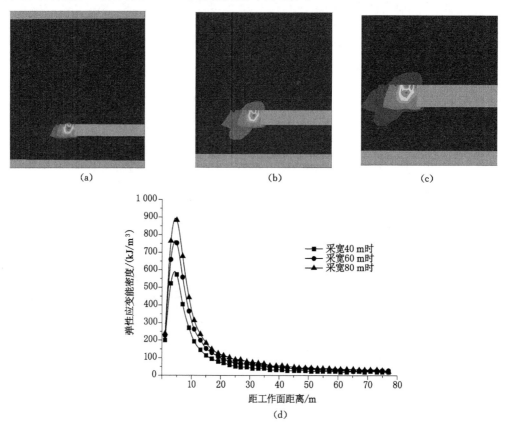

图 4-40　工作面前方弹性应变能密度分布图和曲线图

(a) 留宽 40 m 时密度图;(b) 留宽 60 m 时密度图;(c) 留宽 80 m 时密度图;(d) 曲线图

综上所述,固定采宽时,2# 条带工作面后方 10 m 范围外及工作面前方 7 m 范围内的平巷易发生冲击地压,且留宽越小,发生冲击地压的可能性越大。

4.5.3　回收煤柱情况下冲击危险性分析

以采宽 80 m、留宽 80 m 为例,当 1#、2# 条带工作面回采完成后,回收中间煤柱,回收煤柱尺寸分为 24 m、40 m 和 64 m,工作面前方应力、变形及能量分布如图 4-41 至图 4-44 所示。

由图中可以看出,当回收煤柱宽度分别为 24 m、40 m、64 m 时,随着工作面的推进,前方应力集中程度不断加大。当工作面推进到 80 m 时,前方超前支承压力峰值达到了最大

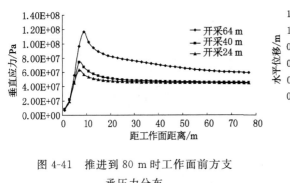

图 4-41　推进到 80 m 时工作面前方支
　　　　承压力分布

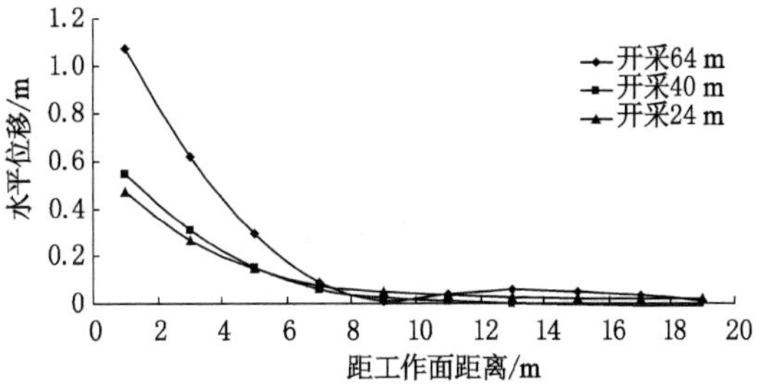

图 4-42　推进到 80 m 时工作面前方水
　　　　平位移分布

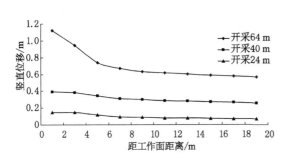

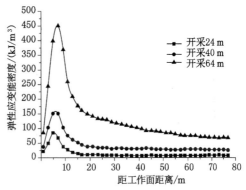

图 4-43　推进到 80 m 时工作面前方
　　　　竖直位移分布

图 4-44　工作面前方弹性应变能
　　　　密度分布

值,分别为 63.6 MPa、74.4 MPa、117 MPa,分别超前工作面 7 m、7 m、9 m,应力集中系数分别为 2.65、3.1、4.88(原岩应力 24 MPa);位移在煤壁处达到最大值,水平位移分别为 0.47 m、0.54 m、1.1 m,竖直位移分别为 0.15 m、0.4 m、1.12 m;弹性应变能峰值分别为 682 kJ/m³,1 480 kJ/m³,4 480 kJ/m³,均位于工作面前方 7 m 处。由此可见,随着煤柱回收宽度的增大,工作面前方的支承压力和位移均增大,发生冲击地压的危险性大大增加,冲击危险最严重的位置为工作面前方 9 m 附近范围内的平巷。

5 典型条件下冲击危险辨识方法

目前传统的冲击危险辨识方法有综合指数法、可能性指数法、钻屑法等[58-61]，这些方法在国内得到了广泛的应用，这里不作详细介绍。本章主要介绍几种冲击危险源辨识的新方法。

5.1 分段多指标钻屑法

阜新矿业学院(现改名为辽宁工程技术大学)、龙凤矿冲击地压研究组于 1985 年发表了"钻屑法研究和应用"一文，通过试验研究出钻屑法一整套确定冲击危险指标和判断冲击危险程度的方法和手段，并在龙凤矿具体生产中进行了应用。

如何准确地确定临界煤粉量值，对预测冲击危险区域具有重要意义。目前，常规的做法是在支承压力影响带范围以外煤层打不少于 5 组钻孔，孔深一般为采高的 3.5 倍，计算每米煤粉量均值，从而计算临界煤粉量标准值。

然而考虑到支承压力分布特征，每米煤粉量在距离煤壁不同距离处的值有很大不同，仅通过一个临界煤粉量预警指标对所有深度钻孔进行冲击危险预警存在较大的偏差，无法实现对冲击危险进行相对准确、可靠的预警。鉴于此，提出运用多参数临界煤粉量指标进行冲击危险预警，步骤如下：

(1) 在工作面巷道无冲击危险区域打多组的钻孔，记录每孔每米钻出的煤粉重量。

(2) 计算所有钻孔第 $i(i=1,2,3,4,\cdots)$ 米的煤粉重量均值，再将上述所有的煤粉重量均值相加除以钻孔深度得到该工作面无冲击危险区域总的每米正常煤粉量 G。

(3) 利用下述公式计算总体临界煤粉量 G_1：

$$G_1 = G \cdot K \cdot \alpha \tag{5-1}$$

式中　G_1——总体临界煤粉量，单位 kg；

　　　G——标准煤粉量，即总的每米正常煤粉量，单位 kg；

　　　K——钻粉率指数；

　　　α——修正系数，一般取 1.1 左右。

(4) 确定每段的临界煤粉重量

考虑到煤壁附近由于开挖扰动的作用已形成破碎带，基本失去了冲击能力，故第 1 米段数据不作为监测指标。舍去第 1 米段数据，对余下长度钻孔进行分段，每 2~3 m 为一段，用第二步的方法计算每段的标准煤粉量，用第三步的方法计算出每段的临界煤粉量。

(5) 在待预警的工作区域打 2~3 组钻孔，记录每孔每米钻出的煤粉质量，统计每孔每米中颗粒直径大于 3 mm 的煤粉质量，以及每孔每米中颗粒直径大于 3 mm 的煤粉所占的质量比例。

　　将记录和计算得出的煤粉量值进行分析并与临界的煤粉量值相比较,利用预警决策得出预警结果,具体的预警流程图如图5-1所示。

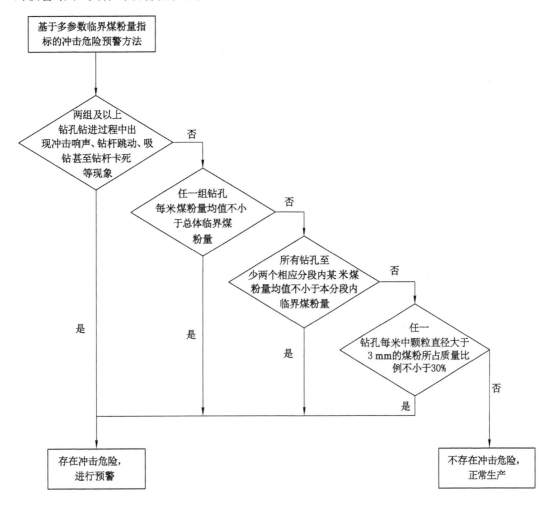

图5-1　基于多参数临界煤粉量指标的冲击危险预警流程图

预警决策分为以下四个步骤:

(1)动力现象分析

　　根据钻孔钻进过程中的动力现象记录,若两组或两组以上钻孔钻进过程中出现冲击响声甚至钻杆卡死等现象,需要对该区域做出冲击危险预警;反之,则需要通过步骤(2)继续验证。

　　(2)总体临界煤粉量分析

　　若待预警区域任一组钻孔平均每米煤粉量不小于总体临界煤粉量,说明该组钻孔区域范围冲击危险程度高,需要做出预警;反之,则需要通过步骤(3)继续验证。

　　(3)钻孔分段临界煤粉量分析

　　将每组钻孔利用第四步分段方式进行分段,在相应的钻孔分段内若存在至少两个分段煤粉量均值不小于本分段内的临界煤粉量时,需要做出预警;反之,则需要通过步骤(4)继续验证。

（4）煤粉粒度分析

在应力集中带进行钻孔时，由于高应力的突然破煤，减少了钻头参与的破煤作用，使煤粉的粗颗粒量增加。钻孔过程中若出现粗颗粒增加，则意味着钻孔进入了煤体高应力状态；并且每孔每米中颗粒直径大于 3 mm 的煤粉所占的质量比例≥30％时，则做出冲击危险预警；反之，则无须预警。

特别需要指出的是，当进行到某一步便已经做出冲击危险预警时，后续步骤便可以省略，由此可得出待预警的工作区域是否需要进行冲击危险预警，在预警区域进而判断是否需要采取卸压解危措施。

5.2 多参量多指标综合预警法

煤矿冲击地压灾害的诱发因素众多，不能试图用一种监测手段去解决冲击危险的预警问题，研究认为，解决冲击地压问题的有效途径是发挥各种预测预报手段的优势，采取多参数联合预警方法对冲击危险进行预警。

冲击地压的发生一般没有明显的宏观前兆，但是从能量积累和耗散的角度分析，冲击地压是典型的不可逆能量耗散过程。冲击地压发生前能量以弹性能、变性能等形式在煤岩体内部积聚，当煤岩体内部积聚的能量达到某种极限平衡时，极小的外部扰动就能打破这个平衡，进而引发冲击地压。冲击地压的孕育、产生、发展过程中始终伴随着能量耗散，因此运用先进的设备和技术手段监测煤岩体内部弹性能积聚和释放过程是可行的。

对大量冲击地压事件研究发现，冲击地压发生前，微震活动存在沉默期，煤岩体电磁辐射强度和脉冲数持续升高。这些信息都可以作为工作面冲击地压发生的前兆信息，同时综合考虑钻屑煤粉多指标预警信息，将这些前兆信息转化为冲击地压危险的预警参数，建立工作面冲击地压前兆信息的多参数联合预警方法，具体步骤如图 5-2 所示。

对井下工作面现场收集的微震监测数据和电磁辐射监测数据进行分析处理，用三个判定条件对分析结果进行判定，若三个判定条件中任何一个判定结果为"是"，则认为工作面存在冲击地压危险，只有当三个判定条件的判定结果都为"否"时，才认为工作面没有冲击地压危险。三个判定条件分别为是否存在微震事件的沉默期、是否存在电磁辐射强度值的持续升高期以及是否存在电磁辐射脉冲数的持续升高期。当工作面被判定为存在冲击地压危险时，采用钻屑法对工作面存在冲击地压危险的局部区域进行识别，然后采用爆破、煤层注水、打卸压钻孔等卸压措施对煤层进行卸压解危处理，直至冲击地压危险消除为止。

冲击危险多参数综合预警方法是一个动态循环过程，在工作面推进过程中应该实施动态监测及预警，一旦发现工作面具有发生冲击危险的可能，应立即采取大直径钻孔卸压或爆破卸压等方法进行解危，最大限度地降低冲击地压发生的可能性，在对工作面危险区域进行卸压解危以后，还应继续采取监测预警方法对卸压区进行监测，直到冲击地压危险消除为止。

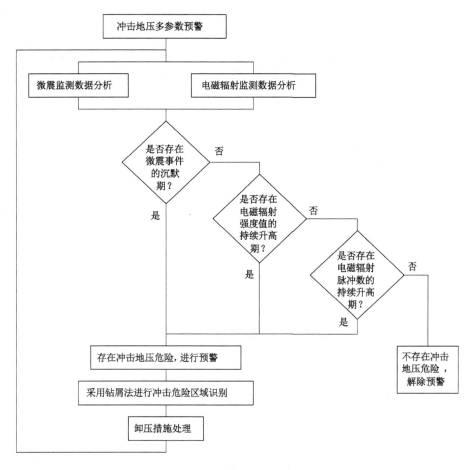

图 5-2 冲击地压多参数联合预警方法流程

5.3 冲击危险源的深度神经网络判识方法

5.3.1 深度神经网络模型构建

深度神经网络是一种机器学习算法,该算法能够对庞大的数据内容进行学习、调整、进步、理解数据,从而自主地从数据变化中求得最优解。冲击地压危险监测数据是一个庞大的数据组,钻屑法在回采掘进过程中一般需要打多个孔来判断具体巷道或工作面的冲击地压危险,而微震监测布置 6~8 组测点,每组测点每隔几十秒获取记录一次监测数据,应力在线监测更是十几组测点并且每隔几秒记录一次数据。深度神经网络能够处理大量混乱无序的初始数据,从中抽象出具备区分度的特征信息,借助其识别的特征用于评价或进行分类。实际上通过大量数据反映的特征信息在深度神经网络中是以不同属性的向量的形式存在,反映了数据的内在特征联系,特征的选取是算法学习的关键因素并直接影响学习的效果,因此为提高算法工作效率,需要选取合适的数据特征向量。

冲击地压危险监测数据具有数据量大、数据特征不明显、不同监测方法获得的数据属性不同的特点,而深度神经网络较深的层次,使其具备了自主学习特征的能力,并且它学习到的特征是对原始数据更加深刻的描述。将原始用于评估的指标数据作为深度神经网络的输入,通过深度神经网络的多隐层结构逐层学习,获得更加抽象的特征,会进一步提高冲击地压危险监测模型的性能。深度神经网络可以通过预训练的方式使用大量的无标签数据,然后利用少量的有标签数据进行有监督学习,就可以获得很好的输出结果,有效解决了当前存在的有标签数据少和无标签数据多的问题。

5.3.1.1　构建模型

在深度神经网络模型(Deep Neural Networks,DNN)中,深度置信网络 DBN(Deep Belief Networks)和深度自动编码器 DAE(Deep Auto-Encoders)是目前比较成熟的两种模型[62],DBN 和 DAE 都是目前研究和应用都比较广泛的深度学习模型,它们的基本思想都是利用非监督过程先进行预训练,然后把预训练的结果用来初始化各隐层的权值,通过这种方法能够有效解决 BP 算法的训练的局限性。

DNN 的网络模型结构包括两部分:输入层 I 和若干隐层,DNN 与 BP 神经网络等常用神经网络的区别是隐层的层数,DNN 具备多层的隐层,根据需要甚至可以达到 10 层以上。数据从输入层进入网络,经过 L 个隐层:$H^{(1)}$,$H^{(2)}$,$H^{(3)}$,$H^{(L)}$,逐层实现数据的抽象和特征提取,$H^{(L)}$ 即期望获得的表征,这个过程便是深度神经网络的表征学习。根据深度神经网络的特性,若每层节点数足够,每个隐层的输出值都包含输入数据的完整信息,即每个隐层是输入数据一种表征,只是具体形式不同。

深度神经网络的基本单元也是节点,节点的组成包括输入、状态函数和激活函数,其中输入包括输入值和连接权值,输入值同上层节点的输出值,权值调节节点的连接强度;状态函数是对输入值和权值的线性累加并通过偏置项控制节点状态,状态函数的一般形式如式(5-2)所示,状态函数矩阵形式如式(5-3)所示;激活函是数根据 DNN 模型功能的不同进行选择线性函数或非线性函数、连续函数或离散函数、数值函数或概率函数来控制输出范围[63],如图 5-3 所示。

$$y_i = \sum_{k=1}^{N} x_k w_k + b_i \tag{5-2}$$

$$y_i(x) = x^T \times w + b_i \tag{5-3}$$

式中　x_k——网络上层的第 k 个输入值,包括钻粉量 x_1、能量 x_2、频次 x_3、应力值 x_4 等;

　　　　w_k——该节点与 x_k 的连接强度;

　　　　b_i——偏置项。

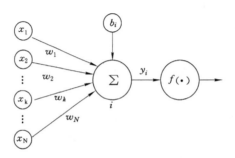

图 5-3　激活函数结构图

支持向量机(Support Vector Machine,SVM)在分类和线性回归中具有重要的地位[64],该方法是基于统计学习理论建立决策面,对不同结果之间的隔离进行最大化隔离,利用支持向量机构造函数具有很好的通用性,函数本身的鲁棒性避免了函数的微调,具有优化程序简单等优点。以前文介绍的煤柱型冲击地压为例,将煤柱型冲击地压危险预警辨识结果分为了危险(DAN)、很可能危险(CRI)、可能危险(AN)和安全(NOR)四种情况,对支持向量机的分类机进行扩展,由二值分类扩展到多类的分类器。根据"一对一"方法构造分类器,由 $n(n-1)/2=6$,即需要构造 6 个二值 SVM,具体分类流程如图 5-4 所示。在建立的煤柱型深度神经网络冲击危险辨识模型中,冲击危险监测数据的数据特征包括均值、方差、均方差、斜率、峰值、原点矩、峰值因子和偏度特征,从以上八个方面对煤柱型冲击危险监测数据进行分析,因此分类器的输入为八维向量,输出为危险、很可能危险、可能危险和安全四种预警结果,如图 5-5 所示。

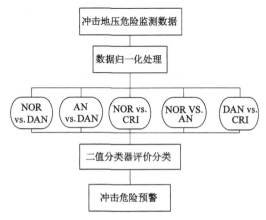

图 5-4 SVM 分类流程

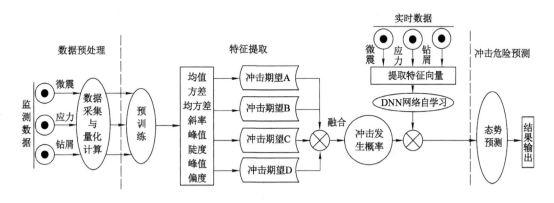

图 5-5 煤柱型冲击地压危险辨识模型

5.3.1.2 训练方法

一般神经网络模型通过构建 2 层或 3 层结构对数据进行处理,对于深度神经网络包含多个隐含层,如果采用梯度训练随机初始化参数,那么输出端会获得较好的输出结果,但是靠近输入端的训练结果却不理想,这会影响神经网络对数据整体的抽象,干扰对数据表征的学习,不能得到正确的预测分类。因此在深度神经网络中采用贪心逐层初始化的训练方法[65],通过输入值迭代得到神经网络的数据表征。具体过程为:① 输入层 I 利用非监督学习算法训练得到第 1 个隐层 $H^{(1)}$ 的输出值和权值 $W_H^{(1)}$;② 与第一步同理利用 $H^{(1)}$ 训练得到第 2 个隐层 $H^{(2)}$ 的输出值和权值 $W_H^{(2)}$;③ 基于第一步和第二步,以循环迭代的方式获得隐层 $H^{(3)}$,…,$H^{(L)}$ 输出值和对应权值 $W_H^{(3)}$,…,$W_H^{(L)}$。网络内参数的初始化是为了获得较好的初始值从而减少网络落入局部极限值的可能,深度神经网络模型采用贪心逐层初始化从而获得较好的训练效果,或得最优值,使低层网络得到充分的训练。

深度神经网络逐层初始化中单层网络参数训练方法还可以选择受限玻尔兹曼机和自编码器两种[66]。其中,受限玻尔兹曼机训练神经网络得到的是深度神经网络概率模型。由自编码器训练得到的深度神经网络是数值模型,典型算法是堆栈式自编码器。这两种不同参数训练方法模型的本质区别是:概率模型中隐层节点是隐藏的随机变量,而数值模型是把隐层节点当作实际的计算单元。即使模型存在本质上区别,但是理论和实践表明,基于受限玻尔兹曼机和自编码器的深度神经网络具有的共性甚至多于差异,原因来自受限玻尔兹曼机和自编码器自身的相似性,以及它们都使用了贪心逐层初始化的训练策略。受限玻尔兹曼机在训练二值离散数据时展现了良好的性能,但是对连续、确定的数据尚不能获得好的训练结果,而自编码器的隐层节点是具有实际意义的计算单元,所有的参数都是确定性的连续值,对于确定性的连续性数值能够获得较好的学习效果,本书使用自编码器作为训练单层神经网络的算法。

自编码器整体上分为编码和解码两部分,通过判断输入输出的误差确定结构的正确性,编码器应用于深度神经网络结构的训练中,目的是获取输入值的压缩表示,自编码器的输入层和解码层数目相同并大于编码层,这样能够起到压缩原始数据、防止过拟合的作用,使用这种稀疏自编码模型能够得到更好的原始数据,在此基础上对原始数据进行训练。输入为 x^i;编码为 $y^i = h(x^i)$,$y^i = x^i$;解码函数为 $g = g(h)$;损失函数为 $L(g, x) = (y^i - x^i)^2$,输入重构输出,建立自编码模型如图 5-6 所示。

图 5-6　自编码器结构示意图

5.3.2　冲击地压监测数据分析

C 煤矿 1310 工作面布置如图 5-7 所示,1310 工作面回采期间,为避开"三 DF_{156}"断层($\angle = 70°$,$H = 0 \sim 20$ m),进行工作面"缩面",缩面造成煤柱应力集中,加上断层影响,靠近煤柱一侧的巷道极易成为煤柱应力释放的空间,极易发生冲击地压。本节以 C 煤矿 1310 工作面为例,将 1310 工作面钻屑法监测、微震监测、应力在线监测实测数据作为样本,对冲击地压监测数据分析的具体方法和过程进行详细的介绍。

5.3.2.1　冲击地压监测数据预处理

基于目前常用的冲击地压危险监测手段,分别对钻屑法监测数据、微震监测数据和应力在线监测数据进行分析。冲击危险监测预警数据运用深度神经网络模型进行训练前,首先

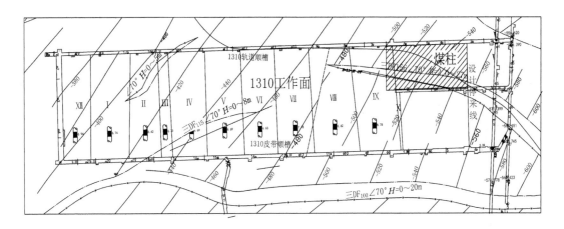

图 5-7   1310 工作面布置情况

需要对矿井的冲击危险监测数据进行简单的预处理,对一些缺失值和明显错误值进行纠正和处理,以保证数据的可靠性。数据处理流程如图 5-8 所示。

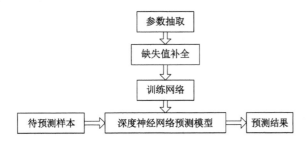

图 5-8   数据处理流程图

冲击地压危险监测数据的预处理主要是对数据的完整性和准确性进行审核,具体处理方法包括剔除明显错误的数据、修剪缺失部分数据、重排乱序的监测数据等。微震监测系统对微震事件进行提取、记录和保存,并连续地保存能量信号,微震监测的误差数据表现为授时误差和波速误差,但是由于微震系统自身的数据处理软件具有较好的数据判断提取能力,因此微震监测数据的预处理只需要检查数据的完整性即可。应力在线监测数据误差主要初始压力、管线长度及内径等问题导致的,因此需要对初始应力异常的测点进行剔除修正和明显错误的点进行剔除。钻屑法监测数据的问题主要有数据不连续、受施工情况影响存在误差、记录不及时导致数据缺失等,因此对钻屑法监测数据的处理需要做补全监测数据和剔除错误数据的处理。

监测数据处理后将其划分为测试集和训练集是基于主观判断的划分,这样会对训练结果产生影响,因此将测试集和训练集进行交替,通过交叉验证来消除集合划分的影响。

(1)钻屑法监测数据

钻屑法监测得到的是钻屑量监测值与工作面和煤柱的应力状态、破坏程度之间的关系,为判断煤体内的应力峰值位置以及煤体支承压力是否达到煤体的极限强度,钻屑量是煤体应力的直观反映,能够直观地反映煤柱的支承压力变化和煤体塑性区范围。本书采集了 C 煤矿 1310 工作面 2017 年 6 月份至 9 月份钻屑法监测数据,由于 1310 工作面在缩面后形成煤柱,在靠近煤柱位置得到的监测数据作为监测样本数据,部分钻孔监测数据如表 5-1 所示。

表 5-1 钻孔监测数据统计表

检测孔位置		1#	2#	3#	5#	6#	7#	8#	9#	10#	11#	12#
检测日期		6月3日	6月3日	6月11日	6月23日	6月23日	6月25日	6月25日	6月28日	6月28日	6月30日	6月30日
煤粉量 /(kg/m)	1 m	1.6	1.3	1.6	1.8	1.8	1.7	1.6	1.5	1.2	1.5	1.6
	2 m	1.8	2.2	1.8	2.0	1.7	2.0	2.1	1.6	1.7	1.7	1.7
	3 m	2.1	1.9	2.1	1.8	1.6	1.9	2.3	2.0	1.6	2.0	1.9
	4 m	2.2	2.4	2.4	2.0	1.8	2.2	2.2	2.2	1.9	2.1	2
	5 m	1.9	2.1	2.2	1.9	1.9	2.3	2.4	1.9	2.2	2.3	2.4
	6 m	2.4	1.8	1.6	2.3	2.0	2.5	2.6	2.3	2.1	2.4	2.3
	7 m	2.2	2.0	2.1	2.5	2.1	2.4	2.4	2	1.8	2.4	2.5
	8 m	2.3	1.7	2.0	2.0	1.9	2.6	2.6	2.4	2.3	2.5	2.7
	9 m	1.7	1.6	2.2	1.8	2.4	2.2	2.6	2.5	1.9	2.7	2.6
	10 m	2.0	2.6	2.4	2.3	1.9	2.3	2.6	2.1	2.4	2.7	2.5
平均值最大值		2.02	1.96	2.04	2.04	1.91	2.21	2.37	2.05	1.91	2.23	2.22
		2.4	2.6	2.4	2.5	2.4	2.6	2.8	2.5	2.4	2.7	2.7

根据各钻孔不同深度煤粉量计算钻孔平均煤粉量,并将监测数据时间的关系绘制每米平均钻屑量同时间的关系图,选取 1310 工作面回采巷道和 3303 平巷平靠近三角煤柱位置监测数据作为研究样本数据,尤其是 3303 工作面靠近三角煤柱区域的监测样本是记录了冲击危险预警的特征数据,钻屑法监测结果如图 5-9 所示。

钻屑法监测预警指标的确定首先是在无冲击危险区域计算煤粉量,舍去前 1 m 煤粉量,记正常情况下每米煤粉量为 G,钻粉率指数 K,修正系数 α 为 1.1,临界煤粉量 $G_i = G \cdot K \cdot \alpha$,根据测试结果计算临界煤粉量预警指标,判断监测区域的冲击地压危险性,根据 C 煤矿钻屑法监测煤粉量现场测量情况,其预警指标如图 5-10 所示。

(2)微震监测数据

微震监测系统完成了对矿井微震事件的信息搜索、统计、传输和记录工作,现有的微震预警软件多数是根据矿井经验自主确定微震监测系统的预警值,并对监测信息进行综合、甄别和简化。微震测点布置需要对冲击危险区域实现均匀包围,并保持适当充足的空间密度,远离大型设备和矿车,实现对全矿井的监测或者对某一区域的监测,避免出现技术误差。

C 煤矿 2017 年 7 月至 9 月的微震监测数据记录情况,其中 1310 工作面能量和频次监测结果如图 5-11(a)和图 5-11(b)所示。

根据微震监测结果和微震预警指标判断监测区域的冲击地压危险性,对监测数据进行简化处理,选取典型冲击地压危险预警数据样本,如图 5-12 所示。

根据微震监测现场得到的冲击危险预警的规律有总能量活跃高频次震动类型、震动沉寂维持高频次类型,典型的强冲击危险预警,监测日能量释放曲线和累积能量特征曲

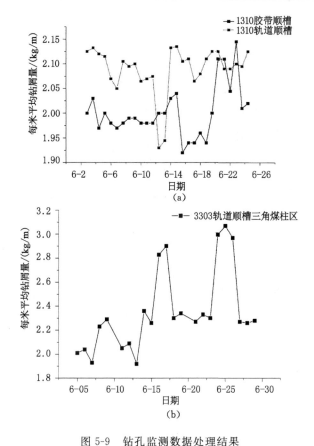

图 5-9 钻孔监测数据处理结果

（a）2017 年 1310 回采巷道钻屑法监测；（b）2017 年 3303 轨道平巷钻屑法监测

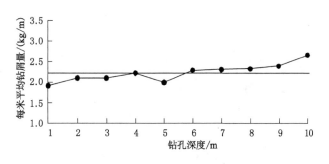

图 5-10 临界煤粉量预警指标

线如图 5-13 所示。

（3）应力在线监测数据

应力在线监测系统通过埋设钻孔应力计采集工作面应力数据，并通过应力在线监测软件处理得到应力云图，实时观测巷道、工作面应力变化，实现冲击地压危险预警。按照测区、巷道、传感器编号和时间段等条件，绘制应力在选定范围内的变化曲线，直观、方便地分析采动应力变化规律。对应力监测系统已存储的数据生成增幅曲线，得到一段时间内采动应力增减情况。

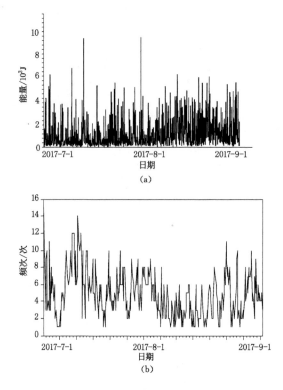

图 5-11　1310 工作面微震监测数据

（a）2017 年 1310 工作面微震能量；（b）2017 年 1310 工作面微震频次

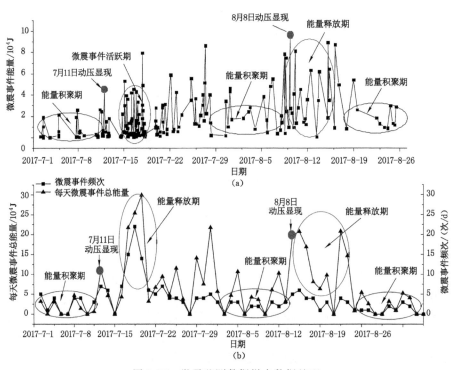

图 5-12　微震监测数据样本数据处理

（a）微震事件监测数据处理；（b）微震总能量及频次数据处理

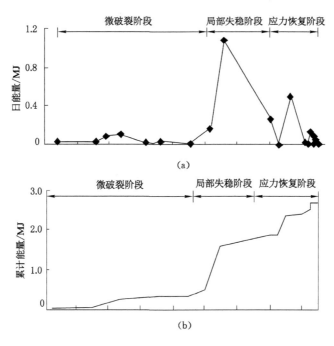

图 5-13 典型微震日能量与累积能量释放曲线

(a) 微震日能量释放曲线;(b) 微震累计能量释放曲线

获取 C 煤矿 1310 工作面回采巷道掘进至回采期间的应力监测数据,2017 年 4 月至 9 月不同测点应力在线监测结果,如图 5-14 所示,将离钻屑法监测最近点的应力监测数据作为预警数据,并作为训练样本。

5.3.2.2　监测数据特征分析

监测数据均值、方差、均方差、斜率、峰值、原点矩、峰值因子和偏度参数用于数据特征分析过程中。均值反映了监测数据的集中点、总体数值水平以及集中趋势,钻屑法的每米钻粉量即是每个孔的钻屑量均值。方差在统计描述中用来计算每一个变量与总体均数之间的差异,反映了样本数据的波动情况。均方差同标准差表示数据序列与均值之间的关系。斜率即坡度,反映了数据曲线的倾斜程度,斜率绝对值的大小表征了数据变化快慢。峰值属于物理波动领域,在一个波动中最高的点即该波动的峰值,在波动起伏的数据中最高的那个点就是该段波动数据的峰值。原点矩即数学期望,表征了数据对原点的偏离。偏度和峰值因子分别是随机变量的三阶中心矩和四阶中心矩,偏度反映了数据组的对称属性,当偏度为正数数组右偏,偏度为负数,数据组左偏,当接近 0 时接近对称分布;峰度是对数组分布形状的描述,衡量数据偏离均值的程度。

微震、应力在线和钻屑法三类监测数据中,微震监测主要参量指标有微震频次与微震能量,微震活动统计分析得出,在冲击地压发生前,微震频次和能量均值出现明显增大,或这是能量方差保持较低水平而微震频次峰度和均值出现明显递增,尤其是能量斜率和均值显著增大是微震监测冲击危险预警的主要特征。钻屑法监测中钻屑量均值出现显著增长,作为重要的冲击危险预警特征,同时方差和峰度值的显著变化也是冲击危险的预警特征。应力在线监测方法实质上是监测的是采动应力问题,应力的均值是冲击危险的基础特征,同时其

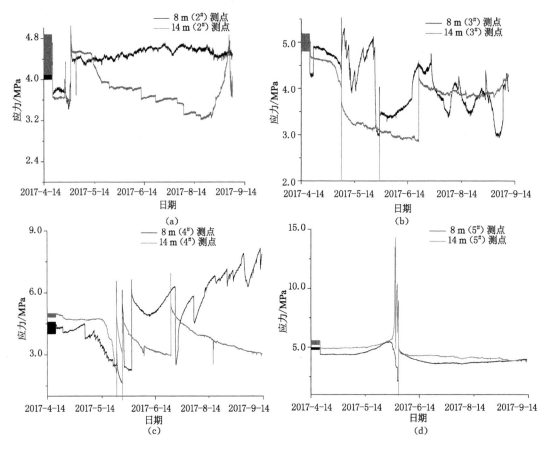

图 5-14　应力在线监测数据处理

(a) 2# 测点应力监测；(b) 3# 测点应力监测；(c) 4# 测点应力监测；(d) 5# 测点应力监测

斜率、峰值、峰度和偏度也是重要的预警特征，应力在线系统对固定测点连续监测，进而通过测点的相对应力值大小判断冲击危险，因此对其平稳特性的特征提取是关键。

5.3.2.3　数据样本选取

选取 1310 工作面缩面期间的微震、钻屑和应力在线监测数据作为分析对象，提取三种监测方法中任意一种监测方法的预警时间段内三种监测方法的监测值，以及单一监测方法预警的前后 2 天时间内的监测值，根据预警不同监测预警值的时间对应关系，得到能量、钻屑量、频次、深孔应力和浅孔应力的监测值作为样本向量。1310 工作面在 2017 年 6 月至 9 月"缩面"期间，单一监测方法预警次数统计结果为 258 次，两种监测方法同时预警为 116 次，三种监测方法同时预警次数为 82 次。根据上述数据选取原则，从图 5-9(a)、图 5-11 和图 5-14(a) 中截取对应时间内的数据曲线。根据监测数据的时间对应关系，每隔 2 h 选取一组数据，作为数据样本，样本数据分为微震和应力在线两种监测方法组合，以及微震、应力和钻屑法三种监测方法的组合。

通过归一化方法将数据转换到 [0, 1]，去除量纲。上界和下界分别代表数据的最优取值和最差取值情况，根据监测数据特征分别确定监测数据与冲击地压危险的关联关系，将其分为正相关 [式 (5-4)]、负相关 [式 (5-5)] 和中间型式 [式 (5-6)] 三种类型，冲击地压危险监测数据中的煤粉量、应力、能量一般情况下与冲击危险呈正相关,但是也存在频次、不同深度煤粉量等其他相关关系。

$$x_i^n = \frac{\max(x_i) - x_i}{\max(x_i) - \min(x_i)} \tag{5-4}$$

$$x_i^n = \frac{x_i - \min(x_i)}{\max(x_i) - \min(x_i)} \tag{5-5}$$

$$x_i^n = 1 - \frac{|x_i - \mathrm{med}(x_i)|}{\max(x_i) - \min(x_i)} \tag{5-6}$$

解决监测数据量纲不同的问题,在 MATLAB 中使用 mapminmax 函数来实现样本的归一化处理,处理结果如图 5-15 所示。

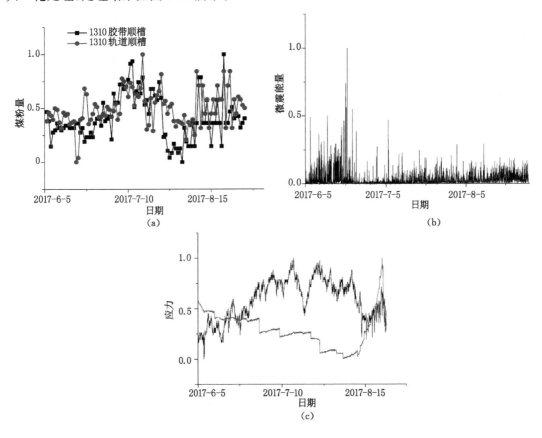

图 5-15 监测数据归一化处理结果

(a)钻屑法数据归一化处理;(b)微震数据归一化处理;(c)应力在线数据归一化处理

5.3.2.4 深度神经网络模型训练

完成数据预处理后,选择微震监测 2258 组、应力在线监测 88125 组、钻屑法监测 1278 组数据作为实验样本,进一步将数据按时间点对应,得到输入向量,将样本数据划分为训练数据和验证数据两组。其中微震数据包括能量和频次,应力在线监测包括深孔测点应力和浅孔测点应力,钻屑法监测数据为钻屑量。

深度神经网络模型中随着网络层数的加深可能会提升其性能,但是也有可能出现过拟合的现象,对于深度较大的神经网络可能存在靠近输入层的梯度小,接近输出层的梯度大,当模型的学习率不变时靠近输入层的学习速率会很慢,而靠近输出层的学习速率会过快,这样很可能导致局部陷入最小值。对于这样的问题一般通过改变激活函数或者改变学习速率来对神经网络进行优化,使用 ReLu 激活函数代替 Sigmoid 激活函数,很好地解决了训练梯度消失的问题,使用 ReLu 激活函数的输出结果为 $\max(0, x^{\mathrm{T}}w+b)$。

将钻屑法监测到的煤粉量(x_1),微震监测得到的能量(x_2)和频次(x_3),应力在线监测到的深孔应力值(x_4)和浅孔应力值(x_5)作为样本数据,或者仅采用微震监测和应力在线监测作为样本数据。首先对样本数据进行预训练,对样本数据进行重构,在深度神经网络的预训练过程中,逐层训练得到输出值 $H^{(n)}$ 权值 $W_{\mathrm{H}}^{(n)}$,将隐层的网络结构翻转,以 $H^{(L)}$ 为轴获得一个对称的网络结构,对应层的权值之间为转置关系,利用输入数据得到重构数据输出值(y_n),完成对样本数据的重构,如图 5-16 所示。

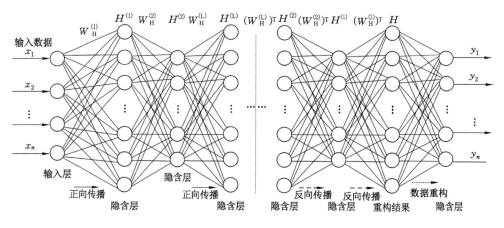

图 5-16　深度神经网络预训练的模型示意图

利用重构数据(y_n)进行神经网络的训练,为了获得标准输出值,可以在输出层的后面添加一层单层算法,如 Softmax 分类器、SVM、MoGs 等,然后根据该层的输出误差进行微调。本书在神经网络模型后加 SVM 分类器,网络结构如图 5-17 所示,构成深度神经网络的评价分类模型,使得冲击地压危险监测数据的训练优化变得容易,充分发挥深度神经网络模型的优势。

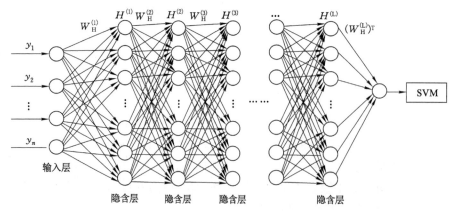

图 5-17　深度神经网络输出值标准化结构示意图

在对数据进行预处理后能够得到煤粉量、能量、频次、浅孔应力和深孔应力对应的 5 维参量,样本的标准输出将冲击危险监测结果分为四个级别,分别为安全、可能危险、很可能危险和危险。本书从 C 煤矿 1310 工作面和 3303 工作面作为冲击地压危险监测数据中提取的冲击危险预警信息作为训练样本,根据数据特征、判断结果的类别和数量,确定在预训练阶段,选取每层迭代次数为 30,学习率 0.1,初始冲量 ν 设为 0.5。在监督学习训练阶段,使用共轭梯度下降法,训练步数为 3 325,训练步数与误差关系如图 5-18 所示。

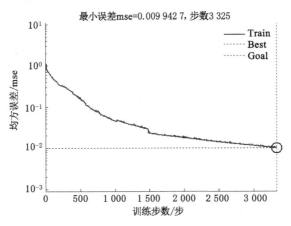

图 5-18   训练步数与误差关系示意图

5.3.2.5   冲击地压危险评价分类结果

利用深度神经网络模型对测试数据进行评价分类,选取应力在线监测和微震监测两组数据进行训练时获得应力、能量二维分类结果,选取微震、应力和钻屑三组数据进行训练时获得应力、煤粉和能量三维数据分类结果,测试数据的评价分类结果如图 5-19 所示。

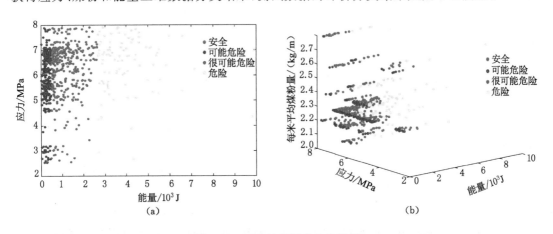

图 5-19   冲击地压评价分类结果

(a) 煤柱冲击危险监测数据分类二维视图;(b) 煤柱冲击危险监测数据分类三维视图

预训练抽象提取的冲击危险监测数据的特征信息包括均值、方差、均方差、斜率、峰值、原点矩、偏度和峰度特征。通过深度神经网络对冲击危险监测数据进行学习,对不同的数据组进行评价分类。节点的输出值反映神经网络在该层结构对输入数据的特征抽象结果,据此获取新的数据表征。当节点输出值越大,即越接近 1,该节点在表征中的作用越大、地位越重要,相反则表示越不重要,因此可以根据节点输出值判断特征学习的情况。

5.3.2.6 合理性验证

单独通过微震、应力在线或者钻屑法对冲击地压危险进行监测都无法满足日益复杂的开采环境,其中微震监测对获取震源信息、能量事件影响范围方面优势明显,对于构造应力、坚硬顶板等条件诱发的冲击地压预警效果好,但是对于发生冲击地压的位置判断不够精确;应力在线监测能够实现对具体工作面或者煤柱区域的应力监测,对于采掘高应力叠加扰动诱发的冲击地压具有很好的预警效果,但是对于较大范围内的构造应力诱发的冲击地压监测方面存在不足;钻屑法监测准确性高,技术成熟,但是监测结果受施工情况影响大,因此也存在误差。

多参量综合预警的预警模式中通过不同的监测手段得到了全面的监测信息,但是当监测数据出现矛盾时缺乏有效的综合评判方法,并且对日常获取的监测数据的利用不够深入,未对监测数据进行数据挖掘。使用深度神经网络模型对监测数据进行特征提取,然后对监测数据进行评价分类,依据分类结果做出冲击危险预警,经验证使用深度神经网络 SVM 分类方法判断冲击地压危险情况的准确性,与传统监测预警方法对比,该方法对监测数据的利用更为充分,预警效果更好,具体对比结果如表 5-2 所示。

表 5-2　　　　　　　　　　　　多源信息预警次数统计表

系统名称	DAN/次	CRI/次	虚警/次	准确/次	准确率/%
微震	12	266	42	236	75.88
应力	17	309	68	258	82.95
钻屑	14	293	52	255	83.06
微震应力综合预警	6	248	36	218	85.86
多参量综合预警	10	266	20	256	92.75

5.3.3 基于深度神经网络的冲击危险源识别方法

DNN 多参量综合预警的基本流程如图 5-20 所示。

利用微震、应力在线和钻屑法监测数据进行冲击地压危险的预警,所述综合预警方法包括:

步骤一——建立深度神经网络模型,采用贪心逐层初始化模型对监测数据样本进行训练,提取数据特征;

步骤二——对神经网络模型和激活函数进行优化,优化深度神经网络监测数据评价分类模型;

步骤三——对微震、应力在线和钻屑法监测数据进行预处理,提取训练样本;

步骤四——对监测数据样本进行归一化处理,得到训练结果,最后得到冲击危险评价分类结果。

利用多参量进行冲击危险预警的流程包括:当尚未训练模型时,通过配置训练参量选择样本数据和基本算法,对模型进行训练;当训练完成后直接选择待评价的数据并将数据导入训练得到的模型,得到评价结果。该方法根据冲击地压危险监测数据特征进行评价和分类,得到冲击地压危险等级。

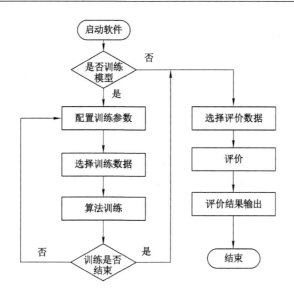

图 5-20 多参量综合预警流程图

5.4 冲击危险源的模糊神经网络判识方法

5.4.1 模糊神经网络理论基础

5.4.1.1 模糊数学

模糊数学是用来描述、研究和处理事物所具有的模糊特征的数学,"模糊"是指它的研究对象,而"数学"是指它的研究方法。

(1) 模糊集合的定义

设 f 是论域 X 到区间 $[0,1]$ 的一个映射,即

$$f: X \rightarrow [0,1], x \mapsto f(x) \tag{5-7}$$

式中,f 是 X 上的模糊集;$f(x)$ 称为模糊集 f 的隶属函数(或称 x 对模糊集 f 的隶属度)。$f(x)$ 是用来说明元素 x 属于其模糊集 f 的程度。$f(x)$ 的值在 $0\sim1$ 之间变化,$f(x)$ 的值与 x 的属于程度有关,值从 0 到 1 是增加变化。

模糊集合通常有三种不同的表示方法:

① 序对表示法:

$$f = \{(x, f(x) \mid x \in f\} \tag{5-8}$$

② Zadeh 表示法:

$$f = \frac{f(x_1)}{x_1} + \frac{f(x_2)}{x_2} + \cdots + \frac{f(x_n)}{x_n} = \sum_{i=1}^{n} \frac{f(x_i)}{x_i} \tag{5-9}$$

③ 向量表示法:

$$f = (f(x_1), f(x_2), \cdots, f(x_n)) \tag{5-10}$$

若论域 X 为无限集合,此时 X 上的模糊集合 f 可表示为:

$$f = \int \frac{f(x)}{x} \tag{5-11}$$

式中，$\sum$，$\int$ 不具有任何数学意义。

（2）模糊逻辑与推理

模糊逻辑着眼于可用语言和概念表述的人脑的宏观功能[67]，企图从人的思维外特性，即语言和对世界认识的概念上去研究人的智能，它根据人为定义的隶属函数和一系列并串行的模糊推理规则，用逻辑推理去处理各种模糊性的信息。

（3）常见隶属度函数

在模糊数学中模糊隶属函数起着决定性作用，隶属度函数的选择对模糊集的建立非常重要。所以，选择什么类型的隶属函数对模糊数学的研究及应用都有重要意义。模糊程度表示可以用隶属函数来实现，隶属函数的确定通常要符合事件的客观情况，但有时可以根据具体的事物适当修改，但不可凭空想象，脱离事件发生的本质。人们通常使用的模糊隶属函数大体可以分为三类：三角函数、梯形函数和高斯函数。

① 三角隶属函数表达式为：

$$\mu_A(x) = \text{triangle}(x;a,b,c) = \begin{cases} 0 & (x < a) \\ \dfrac{x-a}{b-a} & (a \leqslant x \leqslant b) \\ \dfrac{x-a}{c-a} & (b \leqslant x \leqslant c) \\ 0 & (x \geqslant c) \end{cases} \tag{5-12}$$

② 梯形隶属函数表达式为：

$$\mu_A(x) = \text{trapezoid}(x;a,b,c,d) = \begin{cases} 0 & (x < a) \\ \dfrac{x-a}{b-a} & (a \leqslant x \leqslant b) \\ \dfrac{x-a}{c-a} & (b \leqslant x \leqslant c) \\ \dfrac{x-d}{c-d} & (c \leqslant x \leqslant d) \\ 0 & (x \geqslant d) \end{cases} \tag{5-13}$$

③ 高斯隶属函数表达式为：

$$\mu_A(x) = \text{gaussain}(x,c,\sigma) = \exp\left[-\frac{1}{2}\left(\frac{x-c}{\sigma}\right)^2\right] \tag{5-14}$$

（4）模糊逻辑系统

模糊逻辑系统构成结构主要分为四个模块[68]，分别为模糊产生器、模糊规则库、模糊推理机、反模糊化器，具体结构如图 5-21 所示。

从图 5-21 可以看出，模糊产生器的输入是由论域 U 上 x 作为输入，输出为论域 U 上的模糊集合，模糊规则库的设计，可以为模糊推理机建立详细的模糊数学推理知识，模糊推理知识是模糊推理机的推理依据，设定模糊产生器的输出作为模糊推理机的输入，经模糊推理机推理得到结果，这个推理结果就是输入反模糊化器的 V 上的模糊集合，经过反模糊化过程，就可以得到论域 V 上的 y 输出。

① 纯模糊逻辑系统——纯模糊逻辑系统的结构分为两个部分，分别为模糊规则库和模糊推理机，属于一个简单的系统结构，逻辑系统减少了模糊化器和反模糊化器，所以集合输

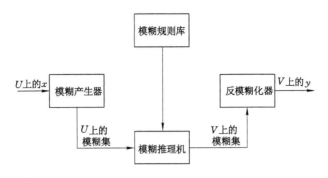

图 5-21 模糊逻辑系统的构成

入和输出就较为简单,纯模糊逻辑系统结构如图 5-22 所示。

模糊规则库是由多个"if-then"规则条件构成,模糊集合的输入是以论域 $U \subset R^n$ 构成,这些规则在模糊推理机的作用下得到模糊集合的论域 $V \subset R$ 作为输出,其相关的模糊规则为:
$R^{(l)}$: if x_1 is $F_1^l, \cdots, x_n$ is F_n^l then y is G^l。

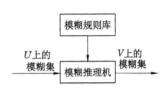

图 5-22 纯模糊逻辑系统

② T-S 模糊逻辑系统——由于纯模糊系统结构简单,不能很好地适应各种复杂的非线性系统模糊动态模型。Takagi 和 Sugeno 于 1985 年提出了一种新的模糊推理模型,称为 Takagi-Sugeno(T-S)模型,T-S 模糊系统的提出,弥补了纯模糊系统的不足,该模糊系统是一种自适应能力很强的模糊系统,不但可以自我更新,还可以对隶属函数不断进行修正模糊子集,由于 T-S 模糊系统适用性强,是目前应用最为广泛的模糊逻辑系统。

T-S 模糊逻辑系统的主要特点为:逻辑系统的划分依据为系统输入与输出是否存在局部线性关系,而系统所得到的结果的表达是以多项式线性方程构成,所以得到的若干条规则间是用线性组合表示,使非线性系统的全部输出具有特殊的线性描述特征,T-S 模糊逻辑系统的结构如图 5-23 所示。

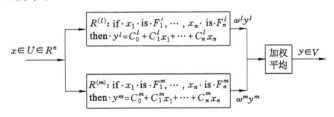

图 5-23 T-S 模糊逻辑系统

T-S 模糊逻辑系统模糊规则为:
$R^{(l)}$: if x_1 is $F_1^l, \cdots, x_n$ is F_n^l then $y^l = c_0^l + c_1^l x_1 + \cdots + c_n^l x_n$。

式中 F_1^l——模糊系统的模糊子集;

     c_i^l——模糊系统参数;

     y^l——系统应用模糊规则 $R^{(l)}$ 推理后得到的输出。

5.4.1.2   T-S 模糊神经网络

模糊神经网络是将模糊数学理论与人工神经网络相结合形成的一种智能网络模型系

统,模糊神经网络可以将模糊逻辑的不明确推理功能与人工神经网络的学习能力和适应能力兼容在一起,通过神经网络来调节和改进模糊逻辑的隶属函数,基于模糊逻辑来进行隐性知识的表达和推理,将两者强大的优势结合而成的网络系统在多个领域得到了广泛应用。

通常 T-S 模糊神经网络的结构主要分为四层,分别为输入层、模糊化层、模糊规则计算层和输出层,T-S 模糊神经网络结构如图 5-24 所示。

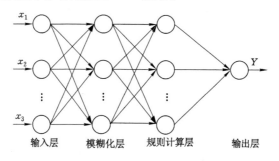

图 5-24　T-S 模糊神经网络结构

模糊神经网络输入层为 $x=[x_1,x_2,\cdots,x_n]$,通过模糊规则计算其输入变量 x_j 的隶属度:

$$\mu A_j^i(x) = \exp[-(x_j - c_j^i)/b_j^i] \tag{5-15}$$

式中　c_j^i——隶属度函数的中心;

　　　b_j^i——隶属度函数宽度;

　　　k——输入参数;

　　　n——模糊子集数,其中 $j=1,2,\cdots,n;i=1,2,\cdots,n$。

将各隶属度进行模糊计算,其表达式可以表示为:

$$\omega^i = \mu_{A_j^1}(x_1) \times \mu_{A_j^2}(x_2) \times \cdots \times \mu_{A_j^n}(x_n) \quad (i=1,2,\cdots,n) \tag{5-16}$$

模型的输出值 y_i 表达式可以表示为:

$$y_i = \sum_{i=1}^{n} \omega^i (p_0^i + p_1^i x_1 + \cdots + p_n^i x_n) / \sum_{i=1}^{n} \omega^i \tag{5-17}$$

5.4.1.3　T-S 模糊神经网络学习

本书 T-S 模糊神经网络学习算法采用梯度下降法,T-S 模糊神经网络的学习算法如下[68]:

(1)误差计算

$$e = \frac{1}{2}(y_d - y_c)^2 \tag{5-18}$$

式中　y_d——网络期望输出;

　　　y_c——网络实际输出;

　　　e——期望输出和实际输出误差。

(2)系数修正

$$p_j^i(k) = p_j^i(k-1) - \alpha \frac{\partial e}{\partial p_j^i} \tag{5-19}$$

$$\frac{\partial e}{\partial p_j^i} = (y_d - y_c)\omega^i / \sum_{i=1}^{m} \omega^i x_j \tag{5-20}$$

式中　p_j^i——神经网络系数；

　　　a——网络学习率；

　　　x_j——网络输出参数；

　　　ω^i——输入参数隶属度连乘积。

（3）参数修正

$$c_j^i(k) = c_j^i(k-1) - \beta \frac{\partial e}{\partial c_j^i} \tag{5-21}$$

$$b_j^i(k) = b_j^i(k-1) - \beta \frac{\partial e}{\partial b_j^i} \tag{5-22}$$

式中　c_j^i——隶属度函数的中心；

　　　b_j^i——隶属度函数的宽度。

5.4.2　冲击地压模糊神经网络预警模型

5.4.2.1　模糊神经网络模型的建立

根据对 T-S 模糊神经网络结构分析，本书构建冲击地压多源信息综合预警模糊神经网络模型，网络算法流程如图 5-25 所示。

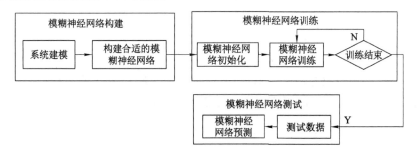

图 5-25　T-S 模糊神经网络算法流程

模糊神经网络模型建模主要步骤为：

（1）冲击地压监测数据预警指标的确定。

基于 B 煤矿 5305 工作面冲击地压微震、应力在线、钻屑法监测数据为对象，选取每日微震能量最大值，微震频次、日微震能量总值、应力值与钻屑量值五类数据作为监测数据的预警指标。

（2）将监测数据预警指标数据分为训练样本和测试样本，对数据预处理。

（3）设计 T-S 模糊神经网络模型。

模糊神经网络的输入和输出节点数是依据训练样本的输入、输出维数确定，所以确定网络模型的输入数据维数为 5，输出数据维数为 l，确定模糊神经网络的输入节点个数为 5，输出节点个数为 1。根据网络输入输出节点个数，人为确定隶属度函数个数为 10，所以构建模糊神经网络结构为 5-10-1，其中模糊隶属度函数中心 c，宽度 b 和系数 $p_0 \sim p_5$ 是通过随机初始化得到。

5.4.2.2 模糊神经网络 MATLAB 实现

（1）模型训练样本的选取

模糊神经网络模型需选取训练数据对网络进行训练，本章选取 5305 工作面 2016 年 4 月份微震法、应力在线法、钻屑法监测数据结果为训练样本，样本数量共计 300 组，模糊神经网络经过反复 1 000 次训练，直到训练结束。模糊神经网络预测用训练好的模糊神经网络预测 B 煤矿 5305 工作面 2016 年 6 月份冲击地压预警危险等级。

（2）训练样本的网络输入

一般情况选择一些比较适合的分布函数作为隶属函数，来近似表达某种模糊集合，可以根据实际情况来确定某一种函数作为隶属函数，结合冲击地压预警模式特点，本次训练采用高斯函数作为隶属函数。

（3）训练样本的网络输出

根据模糊神经网络样本的输入，确定样本网络的输出，由于本章选取的是三种不同的冲击地压监测方法，每种监测方法监测到的数据预警指标不同，结合煤矿冲击地压现场实际预警情况，当三种监测方法其中一种监测方法达到其预警值，就会发出预警，以确保安全，所以网络输出数据以其中一类监测数据达到其预警指标等级值作为网络的输出值，以此来表示 5305 工作面冲击地压实时监测等级。根据模糊神经网络预测值得到冲击危险等级指标，当预测值小于 1 时冲击危险微冲击，预测值在 1～2 时危险等级为弱，预测值在 2～3 时危险等级为中等，预测值在 3～4 时危险等级为强冲击。

（4）糊神经网络样本训练

本次网络训练采用 5305 工作面监测数据作为分类识别数据源，先对训练样本数据采用归一化处理，然后采用模糊神经网络训练，模糊神经网络结构为 T-S 模糊神经网络结构，对训练数据迭代 1 000 次，图 5-26 为训练样本在迭代 1 000 次过程中总误差变化曲线。

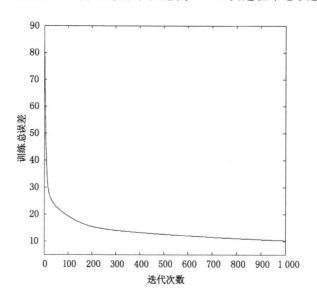

图 5-26　总误差变化曲线

从图 5-26 可以看出,在网络训练过程中误差变化是平滑的,网络通过反复训练 1 000 次后误差趋于稳定。

运用 MATLAB 软件实现模糊神经网络的输出,预测输出计算绘图,其中训练样本实际输出和预测输出如图 5-27 所示,样本训练误差如图 5-28 所示。

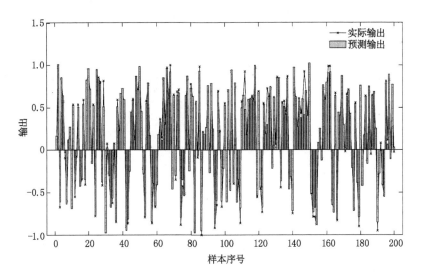

图 5-27 训练样本实际输出和预测输出

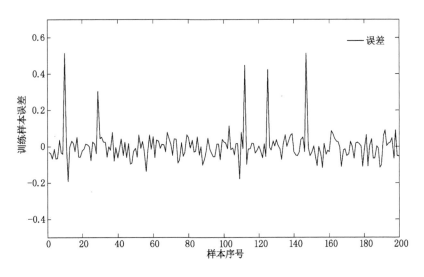

图 5-28 训练样本输出误差

从图 5-27 可以看出,冲击地压监测数据模糊神经网络模型的输出与预测值较为接近,而部分数据则有相对偏差,但由图 5-28 可知,训练样本在小部分范围内存在一定的偏差,但误差值总体相对较小。

将训练好的模糊神经网络进行网络测试,输入测试样本数据,得到测试样本预测值,测试数据的实际输出、预测输出如图 5-29 所示,测试误差如图 5-30 所示。

从图 5-30 可以看出测试样本的实际输出和预测输出基本相同,数据的误差没有出现很

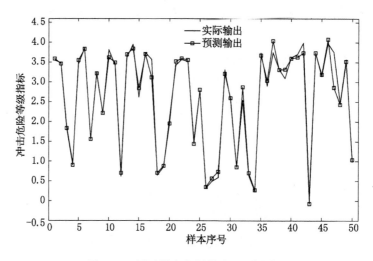

图 5-29　测试样本实际输出和预测输出

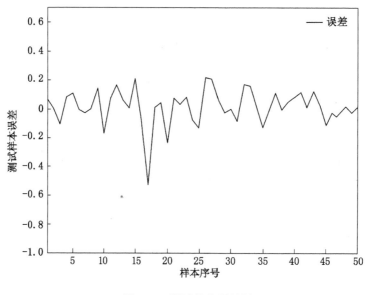

图 5-30　测试样本误差图

大的变化,说明训练样本是可行的,训练样本是具有一定的应用价值;从图 5-30 显示来看测试样本的误差总体较小,可以满足矿井对冲击事件综合监测预警要求。

5.4.3　模糊神经网络模型结果分析

　　根据建立的模糊神经网络模型评价 B 煤矿 5305 工作面 2016 年 6 月份冲击危险等级,根据网络预测值得到冲击危险等级指标,预测值小于 1 时冲击危险等级为 1 级(微冲击),预测值在 1～2 时冲击危险等级为 2 级(弱冲击),预测值在 2～3 时冲击危险为 3 级(中等冲击),预测值在 3～4 时冲击危险等级为 4 级(强冲击)。网络模型评价结果如图 5-31 所示,预测 6 月份冲击危险评价等级如表 5-3 所列。

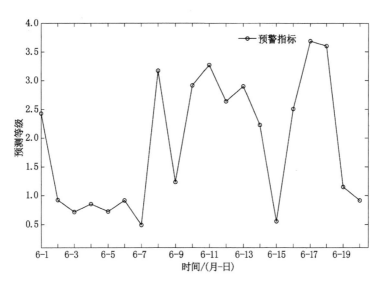

图 5-31　模糊神经网络综合预警结果

表 5-3   冲击危险综合评价等级

日期	综合等级	日期	综合等级
2016-56-1	3	2016-6-11	4
2016-6-2	1	2016-6-12	3
2016-6-3	1	2016-6-13	3
2016-6-4	1	2016-6-14	3
2016-6-5	1	2016-6-15	1
2016-6-6	1	2016-6-16	3
2016-6-7	1	2016-6-17	4
2016-6-8	4	2016-6-18	4
2016-6-9	2	2016-6-19	2
2016-6-10	3	2016-6-20	1

注:表中冲击地压级别,1 为微冲击,2 为弱冲击,3 为中等冲击,4 为强冲击。

　　从图 5-31 可以看到 5305 工作面 6 月 1 日到 6 月 20 日强冲击危险预警共发生 4 次,并且 6 月 17 日和 6 月 18 日连续发生两次强冲击预警,中等冲击危险共发生 6 次预警,弱冲击危险预警共发生 2 次,剩余为微冲击预警,综合评价 6 月份 20 天时间范围内大部分时间冲击危险等级处于中等及以下,可以达到工作面正常回采,当危险等级达到强冲击预警时,现场需采取卸压解危措施,直到危险解除才可继续生产。

6 典型条件下冲击危险卸压处理方法

煤矿冲击地压研究的最终目的是有效预防冲击地压灾害的发生。从复杂开采地质条件下冲击地压的成因机理角度来看,要想降低冲击危险程度和预防冲击地压灾害的发生,本质上需要降低煤岩体的应力状态或控制高应力产生,以确保煤岩体不发生突发性瞬间失稳破坏。

目前,国内外广泛采用的冲击地压卸压解危技术有:爆破卸压、大直径钻孔卸压、水压致裂等。

6.1 冲击危险的爆破卸压处理

在阐述深孔爆破卸压防冲机理之前,先介绍一下爆破的基本理论,说明爆破发生的过程以及在爆破的过程中煤岩体怎样受到破坏作用。然后结合冲击地压强度弱化减冲理论。进一步分析深孔爆破的卸压作用以及防冲机制。

6.1.1 煤岩体爆破基本原理

炸药在煤岩体中爆炸以后,是以冲击波的冲击压力和爆轰气体的膨胀压力的形式瞬间释放出能量,并以此种方式作用在煤岩体上,造成煤岩体产生不同程度的变形和破坏。封装在炮孔中的炸药爆炸后,除了在药包处形成扩大的空腔外,沿炮孔轴线向四周依次形成挤压粉碎区、裂隙区和弹性振动区,如图 6-1 所示[69-72]。

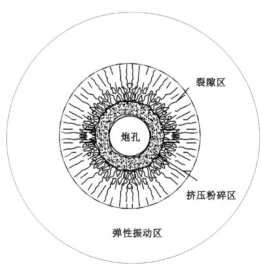

图 6-1 爆炸对岩体产生的破坏分析

（1）挤压粉碎区

炮孔中的炸药爆炸后，爆炸产生的巨大能量以冲击波的形式由孔壁扩散到周围岩体中。同时，瞬间产生大量爆生气体，孔内爆生气体压力急速上升到数万兆帕级，气体压力远远超过岩石的强度极限，在爆炸冲击波、爆生气体和爆炸产生的高温环境的耦合作用下孔壁一定范围内岩石产生严重的破碎和挤压，形成挤压粉碎区，如图 6-1 所示。研究表明，爆炸产生的挤压粉碎区范围通常为 4 倍左右的炮孔直径。挤压粉碎区的形成将消耗大量的能量，爆炸冲击波在该区域内衰减剧烈，从优化爆破效果的角度出发，应该尽量避免形成挤压粉碎区或减小该区域的范围。

（2）裂隙区

挤压粉碎区形成后，爆炸冲击波快速衰减为应力波继续向四周传播，在应力波的传播过程中，使岩石质点产生沿着应力波传播方向的径向位移，从而产生切向拉伸应力，当拉伸应力超过岩石的抗拉强度时，则岩石被拉断，产生与挤压粉碎区贯通的径向裂纹。除应力波的作用外，爆生气体也对裂纹的产生发挥着重要的作用。爆生气体在炮孔内形成准静态应力场，在高压驱动下爆生气体挤入已经形成的径向裂纹，产生裂纹的二次损伤断裂，使裂纹发生扩展和延伸。因此，应力波和爆生气体的共同作用形成裂隙区。裂隙区是爆破作用的主要功能区，研究表明，挤压粉碎区外裂隙区的扩展半径一般超过 50 倍左右的炮孔直径。

（3）弹性振动区

经过在挤压粉碎区和裂隙区内对岩石做功，爆生气体的压力和应力波的能量衰减较快，在裂隙区以外，应力波的传播不足以对岩石造成破坏，只能引起岩石质点的弹性振动，从而在裂隙区之外一定范围内形成弹性振动区。弹性振动区之外的岩石不再受爆炸作用的影响。

6.1.2 爆破卸压对冲击危险的弱化机理

对煤岩体采用爆破松动后，爆破作用在煤岩体中产生挤压粉碎区和裂隙区，使原来完整的煤岩体产生大量的裂隙，劣化煤岩体的力学性能，降低煤岩体的模量，使煤岩体发生塑性破坏，同时爆破作用影响范围内煤岩体应力大幅降低，应力峰值向深部弹性区转移，并释放煤岩体中积聚的大量弹性应变能，从而达到降低岩爆风险的目的[73-80]。

6.2 大直径钻孔卸压解危

大直径卸压钻孔为圆形，直径为 r_0，假设钻孔处于静水应力状态（$\sigma_v = \sigma_h = p_0$），所以钻孔应力分布问题可按照轴对称问题进行求解。且相比钻孔的直径，钻孔长度较大，可简化为平面应变问题。在高地应力作用下，钻孔周围一定范围内岩体发生塑性破坏。建立钻孔的弹塑性力学模型如图 6-2 所示。

根据弹塑性力学理论，可以得出钻孔周围塑性区内应力分布和塑性区半径分别为：

$$\sigma_{\theta p} = c\left[\frac{1 + \sin\varphi}{1 - \sin\varphi}\left(\frac{r}{r_0}\right)^{\frac{2\sin\varphi}{1 - \sin\varphi}} - 1\right]\cot\varphi \tag{6-1}$$

$$\sigma_{rp} = c\left[\left(\frac{r}{r_0}\right)^{\frac{2\sin\varphi}{1 - \sin\varphi}} - 1\right]\cot\varphi \tag{6-2}$$

$$r_p = r_0\left[\frac{(p_0 + c\cot\varphi)(1 - \sin\varphi)}{c\cot\varphi}\right]^{\frac{1 - \sin\varphi}{2\sin\varphi}} \tag{6-3}$$

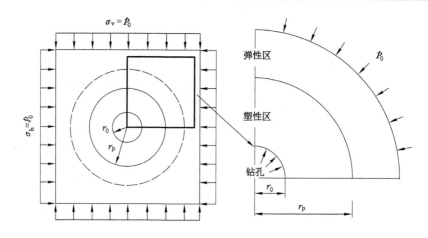

图 6-2　钻孔弹塑性力学模型

式中　r——塑性区内一点距钻孔轴线的距离;

　　　r_p——塑性区半径。

将塑性区边界上的径向应力等效为外力对弹性区的作用,根据钻孔应力的弹性分析,可得钻孔周围弹性区内应力分布为:

$$\sigma_{\theta e} = p_0 \left(1 + \frac{r_p^2}{r^2}\right) - \sigma_{e0}\, \frac{r_p^2}{r^2} \tag{6-4}$$

$$\sigma_{re} = p_0 \left(1 - \frac{r_p^2}{r^2}\right) + \sigma_{e0}\, \frac{r_p^2}{r^2} \tag{6-5}$$

式中　σ_{e0}——塑性区边界上的径向应力,根据式(6-2)可得 σ_{e0} 的表达式为:

$$\sigma_{e0} = \sigma_{rp}\,|_{r=r_p} = c\left[\left(\frac{r_p}{r_0}\right)^{\frac{2\sin\varphi}{1-\sin\varphi}} - 1\right]\cot\varphi \tag{6-6}$$

根据式(6-1)至式(6-6),可画出钻孔周围应力分布如图 6-3 所示。从图中可以看出,钻孔周围产生塑性区,塑性区一点随着距离钻孔轴线距离 r 的增大,切向应力和径向应力均逐渐增大,并逐渐向弹性状态过渡,当 $r=r_p$ 时,岩体应力达到峰值,围岩开始进入弹性状态,随着距离钻孔轴线距离 r 的继续增大,切向应力开始逐渐减小,径向应力则继续增大,两者最终趋于原岩应力值。

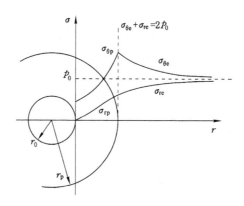

图 6-3　钻孔周围应力分布规律

　　由上述分析可以得出,大直径钻孔卸压是利用施工大直径钻孔的方法消除或减小巷道围岩变形破坏危险的解危措施。当在高应力煤体内施工大直径钻孔时,钻孔周围的煤体在高应力作用下产生裂缝并发生破裂,能够在单个大直径钻孔轴为的媒体内形成一个比钻孔直径大很多的破碎区,多个大直径钻孔周围的破碎区能够互相连通,在煤体内形成一条范围更大的卸压区,使得应力集中的峰值减小,并且使应力集中区向煤体深处转移,起到卸压作用[81-88]。煤体大直径钻孔卸压原理如图 6-4 所示。

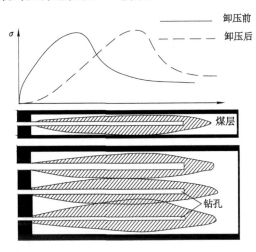

图 6-4　煤体钻孔卸压原理图

6.3　水压致裂预防冲击地压

　　采用水压致裂方法弱化坚硬煤体的技术原理是利用钻孔水压力作用,改变孔边煤岩体的应力状态,导致孔边起裂和裂缝扩展,进而利用裂隙水压力,控制水压裂缝的扩展,弱化煤岩体的整体力学特性;同时改变煤岩体的渗透性能,使煤岩体充分吸水湿润,进一步软化煤岩体[89-92]。坚硬煤体水压致裂弱化防冲技术是采用水力致裂预先弱化的方法破坏煤体的宏、细观结构,通过压裂和软化作用弱化煤体的强度,进而降低煤体的应力集中程度和能量积聚水平,达到降低或消除煤体发生冲击地压的危险[93-98]。

6.3.1　水压致裂实施原理

　　传统的水压致裂理论计算裂缝起裂和扩展的注水压力参数时通常假定煤岩体是非渗透的介质,即认为钻孔水压力或裂隙水压力全部用于使裂缝张开。对于一般坚硬煤层,虽然其透气性较差,但实际上仍是可渗透的。

　　在进行水压致裂裂缝扩展与注水压力之间关系的分析之前,首选对水流在钻孔中流动作如下基本假设:

　　(1)水在钻孔中的流动是黏性、定常、不可压缩的;

　　(2)由于钻孔长度远远超过钻孔直径,因此忽略端头的影响,把钻孔看成无穷长;

　　(3)忽略钻孔在开始注水到注满之间的能量损失;

　　(4)忽略钻孔倾角变化对钻孔水头的影响;

（5）实际中钻孔壁会有渗水现象，由于从孔口灌水（注水）到煤岩体致裂所用的时间较短，因渗流而损失的水量相对于注入钻孔的水流来说非常少，因此忽略渗水造成的水量损失的影响。

基于上述几条假设，以水压致裂钻孔为中心，建立钻孔压裂力学模型，钻孔内壁受水压力 P_k 的作用，外部远场受地应力场的作用，力学模型如图 6-5 所示。

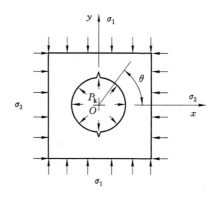

图 6-5　钻孔水压致裂力学模型

图 6-5 中 σ_1、σ_2、σ_3 分别为地应力场中的最大主应力、中间主应力和最小主应力，沿 y 轴方向为最大主应力，沿 x 轴方向为最小主应力。水压致裂钻孔半径为 R，不考虑水向钻孔周围煤体渗透情况下，由弹性力学中的孔口应力集中问题，可知钻孔外域的应力场可表示为[99,100]：

$$\begin{cases} \sigma_r = \dfrac{1}{2}(\sigma_1 + \sigma_3)\left(1 + \dfrac{R^2}{r^2}\right) + \dfrac{PR^2}{r^2} + \dfrac{1}{2}(\sigma_1 - \sigma_3)\left(1 - \dfrac{4R^2}{r} + \dfrac{3R^4}{r^4}\right)\cos 2\theta \\[3mm] \sigma_\theta = \dfrac{1}{2}(\sigma_1 + \sigma_3)\left(1 + \dfrac{R^2}{r^2}\right) - \dfrac{PR^2}{r^2} - \dfrac{1}{2}(\sigma_1 - \sigma_3)\left(1 + \dfrac{3R^4}{r^4}\right)\cos 2\theta \\[3mm] \tau_{r\theta} = -\dfrac{1}{2}(\sigma_1 - \sigma_3)\left(1 + \dfrac{2R^2}{r^2} - \dfrac{3R^4}{r^4}\right)\sin 2\theta \end{cases} \quad (6\text{-}7)$$

式中　R——圆孔的半径；

θ——半径与 σ_3 的夹角。

大量的实验室试验结果表明，水压致裂裂缝多数为张拉裂缝，其力学机制为：当孔内水压和地应力场共同作用下裂缝尖端的张拉应力超过其抗拉强度 σ_t 时，裂缝开始起裂和扩展，即 $\sigma_\theta \geqslant \sigma_t$ 时孔壁发生破裂，产生张开的裂缝。

则当水压致裂钻孔开始破裂的起裂水压力公式可表示为：

$$P'_k \geqslant 3\sigma_3 - \sigma_1 + \sigma_t \quad (6\text{-}8)$$

煤岩属于孔隙介质材料，在水压作用下肯定会发生水的渗透现象，考虑水向钻孔周围煤体的渗流，式（6-8）中的水压力 P'_k 为钻孔内使孔壁产生张拉破裂的那部分水压力，其值小于钻孔内水的压力 P_k。

钻孔中水压力所引起的应力实际上由煤岩骨架和渗入煤岩孔隙的水压强两部分承担，即：

$$\sigma = \sigma' + P' \quad (6\text{-}9)$$

式中　σ——钻孔内水的压力所引起的应力；

　　　σ′——煤体骨架承受的有效应力；

　　　P′——渗入煤体水的压强。

认为初始渗入煤体的水的压强等于大气压强，为了分析煤岩中水的压强变化，给出有效渗透厚度 d 的定义：孔壁在接触水到钻孔灌满水 Δt 时间内渗流水在煤体内所渗透的距离。由定义可知：

$$d = \int_0^{\Delta t} v \mathrm{d}t \tag{6-10}$$

式中　$v=KJ$，K 是孔壁煤体的渗透系数；

　　　J——水力坡度。

由于井下进行煤层的水压致裂施工时，一般选用的水泵流量较大，因此从孔壁在接触水到钻孔灌满水的 Δt 时间非常小，孔壁有效渗透厚度 d 也较小。因此，在进行水压致裂裂缝起裂压力计算时，忽略钻孔壁的渗透作用，近似认为钻孔内水的压力 $P_k \approx P'_k$ 同样可以满足工程实际对于计算精度的要求。因此，坚硬煤体水压致裂裂缝起裂的临界钻孔水压力 P_k 可近似按式(6-11)进行估算。

$$P_k \approx 3\sigma_3 - \sigma_1 + \sigma_t \tag{6-11}$$

6.3.2　水压致裂技术防治冲击地压的机理

（1）影响煤岩冲击倾向性

水压致裂过程中会有大量的水被注入煤体中，煤岩体的含水量增加，水对煤的冲击倾向性有着显著的降低作用[98]。相对于水压致裂前的煤岩体的脆性破坏，水压致裂后的煤岩体具有较大的压缩性能，变形明显"塑化"。水压致裂后，由于煤的结构发生改变，导致强度下降，变形特性明显"塑化"，煤体积聚弹性能的能力下降，以塑性变形方式消耗弹性能的能力增加，煤的冲击倾向大幅减弱，甚至完全失去冲击能力。

（2）改变煤岩体的强度

发生冲击地压的矿井，煤质一般比较坚硬，水压致裂后，由于煤体中有水的注入，对煤岩起到了软化的作用，弱化煤岩体硬脆性的同时使其强度减小。另外，由于煤体中本来就有天然节理裂隙存在，在水压致裂的高压水压下，在这些存在初始裂隙的部位，裂隙进一步得以扩展和延伸，加剧了对煤岩体整体性和连续性的破坏，降低了煤岩体强度，破坏"硬顶—硬煤—硬底"结构，从而破坏了煤岩体内存储大量弹性变形能的前提条件。

（3）改变能量释放速度和形式

煤岩层中极软弱薄层的存在，往往会产生非连续变形和破坏并导致冲击地压的发生，在水压致裂过程中，有部分高压水注入煤层中，使软弱层加厚，变形加大，易于以稳定、缓慢形式释放大量的弹性能，显著改善能量释放过程在时间上的稳定性和空间上的均匀性，从而防止冲击地压发生。

（4）改变支承压力分布状态

已有学者研究表明[101]，煤层注水后，支承压力峰值降低，峰值点位置向煤体深部转移。

7　典型条件下冲击危险辨识及治理案例

7.1　案例Ⅰ:典型地质构造环境开采冲击危险辨识及治理

7.1.1　工程地质概况

D 煤矿 2501 采区为二水平首采区,煤层埋深＋860.7～＋1 023.9 m,地面标高＋1 557～＋1 580 m,采区深度为 719.3 m。250102 工作面为该采区 2 号工作面,走向长度 2 458 m,工作面长 201 m,开采煤层为 5 层煤,黑色,沥青光泽,贝壳状断口,层理明显,裂隙较发育,倾角 5°～8°,煤层厚度平均 36 m。工作面条带布置,俯斜开采,走向长度 2 458 m,可采长度 2 112 m,保护煤柱 346 m,工作面长 201 m,顶煤平均厚度 18.5 m。钻孔资料表明,距煤层底板 19 m 有一厚度为 0.3 m 左右的粗砂岩及 0.8 m 左右的炭质泥岩夹矸。煤 5 层顶板附近煤质较软,煤矸互层较多,夹矸厚 0.05～0.6 m,互层总厚3～5 m,煤层稳定性差,易冒落。距煤层顶板 1 m 和 7 m 处各有一层 0.1～0.3 m 灰黑色炭质泥岩,在煤层中分布较稳定。250102 工作面东部为向斜轴部,往西向褶曲翼部发展,工作面南部位于背斜东翼,底板呈高低起伏状,该工作面紧挨 250101 工作面往西布置,煤柱尺寸 20 m,如图 7-1 所示。

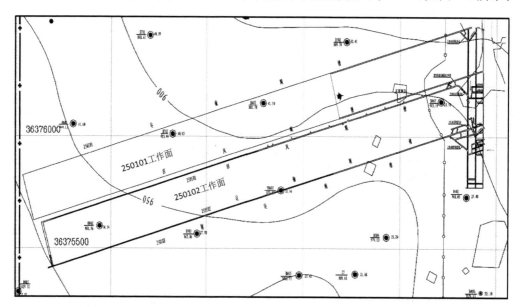

图 7-1　250102 工作面布置图

7.1.2　冲击危险性分析

250102工作面回采过程中由向斜向背斜推进,当工作面位于向斜轴部时,受到轴部高构造应力及采动的综合影响,冲击危险较高;当工作面回采到褶曲翼部时,根据前文分析,该处弯曲正应力分布极为复杂,弯曲压应力分布处于变化之中,应力梯度较大,煤岩体更容易失稳,发生冲击地压的可能性较大;当工作面回采至背斜处时,若该处底板位置弯曲压应力较高时,可能诱发底板冲击失稳。

生产实践表明:250102工作面平巷掘进过程中和工作面回采初期,发生了多次冲击性矿压现象,其表现主要为巷道部分地段帮部移近、底鼓0.1~1.8 m不等,损坏部分机电设备,造成支护设施损坏,显然给工作面的安全、顺利回采和巷道掘进带来了较大困难。

7.1.3　冲击危险的多参量多指标综合预警

(1) 电磁辐射监测

电磁辐射技术是目前煤矿冲击矿压局部监测最有效的方法之一[102-104]。实验研究表明[105,106],煤岩体在受载变形过程中有不同程度的电磁辐射产生,电磁辐射强度与载荷有很好的一致性。随着载荷的增加,电磁辐射强度增加,强度越大,电磁辐射强度也就越大。

工作面采用KBD5型电磁辐射仪进行非接触式定向监测,每班组织专门人员监测。每班监测时采用移动方式采集电磁信号,每个点采集数据时间为2 min。覆盖范围为两平巷自工作面起往外200 m,测点布置如图7-2所示。

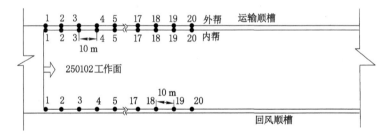

图7-2　电磁辐射测点布置图

根据250102工作面矿压显现规律及在相关地点进行电磁辐射观测的结果,确定工作面冲击危险预警指标为:电磁辐射的辐射最大值100 mV,脉冲数为15 000。

(2) 钻屑法监测

钻屑法是最简单有效的冲击矿压日常监测手段,根据钻屑法监测原理,采用钻屑法监测冲击矿压的关键是确定钻粉量临界指标。根据钻屑法监测冲击危险原理,在250102工作面开始回采之前,在两平巷进行了多组钻屑法试验,研究获了钻屑法识别指标为2.8 kg/m。

(3) 微震法监测

该矿井引进了波兰16通道"SOS"微震监测系统,在250102工作面两平巷及附近共布设了5个拾震器,确保工作面采动影响区域在微震监测范围之内。通过对微震监测数据的分析,将微震活动的沉默期作为冲击矿压危险前兆,沉默期内每天微震事件总能量不大于10^5 J,沉默期长度一般大于5天。

通过前面分析将微震事件活动的沉默期、煤体电磁辐射临界强度值和脉冲作为工作面冲击危险预警参数,依据图5-2所示冲击地压多参量多指标综合预警方法实现工作面冲击危险的实时预警。

7.1.4　250102 工作面冲击危险的卸压解危处理

对监测到的冲击危险区域主要采取巷帮煤体卸压爆破、顶板深孔爆破和煤岩层注水卸压等措施进行卸压解危。

（1）煤体卸压爆破

对工作面运输平巷两帮进行爆破卸压，而回风平巷只在煤壁侧进行爆破卸压工作。在超前工作面 200 m 范围内进行爆破卸压，从工作面外 5 m 起，对运输平巷内外两帮每隔 5 m 分别打一卸压孔，钻孔布置在距巷底高度 1.2 m 处，垂直巷帮，沿煤层层理布置，钻孔深度 12 m，孔径 42 mm，采用煤矿许用炸药爆破，单孔装药量 3 kg，导爆索导爆，煤矿许用毫秒电雷管引爆，封泥长度不得小于 4 m，装药封孔完毕后 3～5 孔串联同时起爆。若遇巷道周边破碎时，适当加大钻孔长度，减少同时起爆的钻孔。

（2）顶板深孔爆破

煤岩体冲击失稳与工作面顶板初次来压、周期来压关系密切，大量的冲击地压事故都发生于工作面来压期间。若褶曲影响区煤层上方赋存厚硬顶板，冲击危险将会进一步加大，这主要是因为厚硬顶板贮存有较多弹性应变能，在顶板断裂的瞬间，这部分能量将会瞬时释放，对工作面煤岩系统造成一定的扰动，若释放能量足够大，则极易诱发冲击地压，威胁在该处作业的工作人员，并造成不必要的经济损失。一般地，当发现褶曲影响带有坚硬难冒顶板时，应采取断顶爆破的方式，利用深孔爆破释放的能量，在顶板中预制定向裂隙，回采后，顶板在上覆岩层作用下将沿预制裂隙回转下沉，而不会形成大面积的悬顶结构。

针对 250102 工作面地质特征，炮眼布置在运输巷两侧和轨道巷靠煤壁侧，为达到更好的顶板爆破效果，顶板爆破范围超前工作面 200 m，设计每排炮眼在工作面推进方向上的距离为 20 m，运输平巷靠 250101 采空区方向每 3 m 布置一组钻孔，具体布置方式如图 7-3 所示。

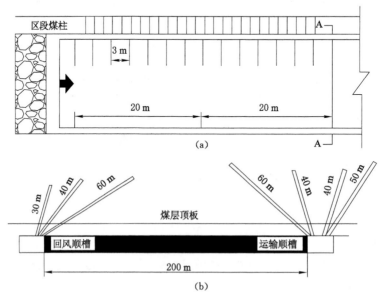

图 7-3　顶板深孔爆破钻孔布置示意图

(a) 平面图；(b) 剖面图

炮眼直径 65 mm,连线方式采用串联,正向一次起爆。装药采用 RHM-Ⅱ型乳胶炸药,各钻孔封孔长度不低于 10 m,装药量均为 10 kg。

(3)煤岩层高压注水

在工作面前方 200 m 范围以外采用顶板和煤层动压注水,运输平巷和回风平巷分别每间隔 10 m 向煤壁侧垂直巷道走向打两个注水孔,一个孔向煤层顶板注水,一个孔向煤层注水。注水孔的参数为:顶板注水孔径为 65 mm,孔长 50 m,倾角 55°。顶板和煤层同时注水,注水压力为 8～13 MPa,封孔深度不小于 6 m,每次注水时间不小于 30 h。注水钻孔布置如图 7-4 所示。

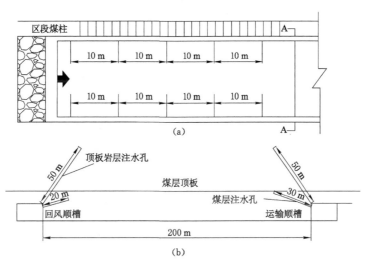

图 7-4　煤岩层高压注水钻孔布置示意图
(a)平面图;(b)剖面图

7.2　案例Ⅱ:坚硬顶板条件下冲击危险辨识及治理

7.2.1　工程地质概况

B 煤矿 5305 工作面为坚硬顶板工作面,平均采深 950 m,顶板存在厚度超过 10 m 的中砂岩,较坚硬,抗压强度在 50 MPa。开采 $3_上$ 煤,$3_上$ 煤平均厚 4.39 m,倾角平均为 4°,单轴抗压强度为 13.869 MPa,有强冲击倾向性。直接顶为泥岩,平均厚度 4.02 m,抗压强度平均 20 MPa,具有弱冲击倾向。直接底为泥岩,平均厚度 1.22 m,抗压强度平均 20 MPa,具有弱冲击倾向。5305 工作面采用综采一次采全高,走向长壁后退式采煤法,全部垮落法管理顶板。

轨道平巷与胶带平巷正常断面为矩形,两帮支护,锚杆每排 5 棵,间排距 900 mm×800 mm,每棵锚杆采用 2 支 MSK2350 树脂锚固剂端头锚固;金属网规格 2 200 mm×1 000 mm,两张搭接使用;钢带规格 2 050 mm×80 mm(3 孔),两条搭接使用。顶板支护:锚杆每排 6 支,间排距 900 mm×1 200 mm,每棵锚杆采用 2 支 MSK2350 树脂锚固剂端头锚固,锚索每排 5 支,间排距 1 000 mm×1 200 mm,每支锚索使用 3 支 MSK2350 树脂锚固剂端头锚固。5305 工作面轨道平巷为沿空巷道,受 5304 采空区侧向支承压力影响,易发生冲击地压,5305 工作面布置图如图 7-5 所示。

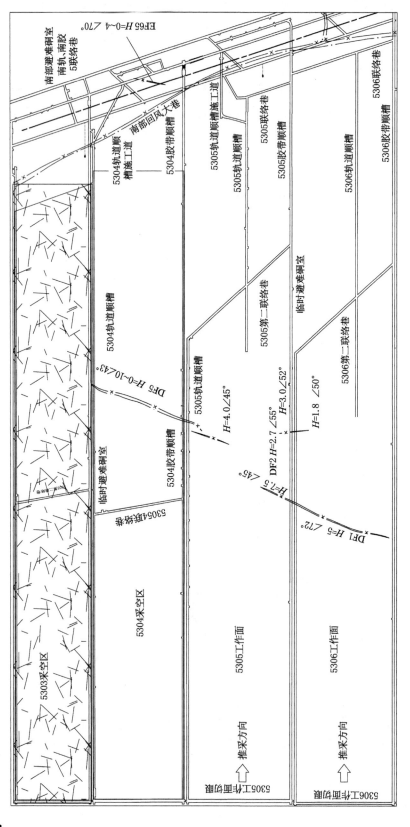

图7-5　B煤矿5305工作面布置图

5305 工作面回采过程中,采用"震动场、应力场"联合监测技术对冲击地压进行监测预警。现场安装 1 套 ARAMIS M/E 微震监测系统和应力在线监测系统。冲击地压监测系统的钻孔应力计布置在 5305 工作面回采巷道内侧煤体中,测站间距为 20 m,超前工作面监测范围为 200 m;每个测站布置深、浅两个测点,间距为 2 m,埋深分别为 10 m 和 15 m。微震监测系统的检波器分散布置在全矿井,5305 工作面掘进或回采时拾震器布置情况如图 7-6 所示,在轨道平巷布置了 1 台拾震器,2 个微震探头,微震监测网络覆盖了整个 5305 工作面。

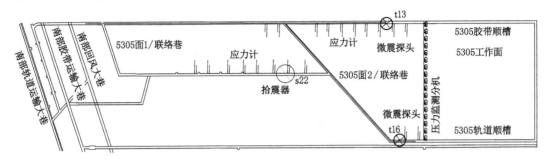

图 7-6　5305 工作面微震监测系统安装布置图

7.2.2　冲击地压综合监测预警

自 2016 年 11 月 1 日开始,采用模糊神经网络模型对 5305 工作面范围内的冲击地压进行危险评价与预警工作,截至 2016 年 12 月 30 日,共进行了 60 天的评价验证,效果良好。例如 2016 年 11 月 27 日,正在回采的 5305 工作面发生一起高能量冲击事件,空间定位位置为 (4 200, 2 878, 72),事件位于工作面前方 73 m 处,释放能量 1.67×10^7 J,震源距胶带平巷煤帮约 36 m。

随着 5305 工作面不断回采,发现有大量 10^3 J 以上的微震事件发生在胶带平巷两侧,具有明显的"分区"特征。2016 年 11 月 1 日至 12 月 30 日的微震事件分布如图 7-7 所示。在此期间,共发生 116 次微震事件,累计释放能量累计 4.7×10^5 J,其中最大能量为 5.9×10^5 J,能量小于 10^2 J 事件 89 次,$10^2 \sim 10^3$ J 的能量 23 次,大于 10^3 J 的能量 4 次,工作面微震事件较为频繁,但无超过 10^6 J 的大能量微震事件。

运用模糊神经网络模型对监测数据进行综合预警评价,根据 2016 年 11 月 23 日至 2016 年 11 月 26 日的监测数据,综合等级较低为 1 级到 2 级,直到冲击事件发生前一天,危险等级均上升至预警级别,其综合等级为 3 级,其中 11 月 26 日微震能量最大值为 3 562.4 J,冲击危险等级为 3 级,2 月 8 日 2 时 35 分发生冲击,释放能量 $1.052\ 55 \times 10^5$ J,模糊神经网络模型综合预警评价 5305 工作面冲击危险结果如表 7-1 所列。

表 7-1　　　　　　　　　　　　冲击危险综合评价等级

日期	微震总能量/J	微震能量最大值/J	微震频次/次	钻屑量/(kg/m)	应力值/MPa	综合等级
2016-11-23	6 618	1 740.1	3	2.3	9.5	1
2016-11-24	8 249	2 412.1	2	2.6	7.1	1
2016-11-25	7 295	3 397.2	4	2.4	12.0	2
2016-11-26	9 400	3 562.4	6	2.5	12.6	2
2016-11-27	28 000	10 525	3	2.4	16.3	4

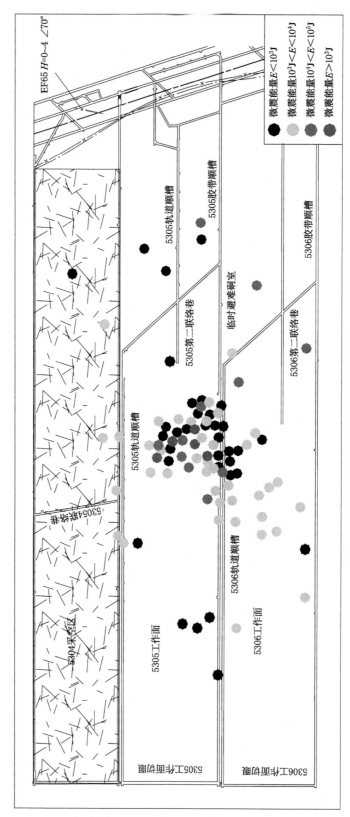

图7-7　2016年11月1日至12月30日微震事件分布平面图

7.2.3　冲击地压防治及卸压解危方案

每天利用监测数据对当前工作面进行预警,当综合评价结果达到"3"级以上时,及时在工作面前方应力集中区域进行大直径钻孔卸压,即在原钻孔之间增加一个孔径为 150 mm、孔深为 20 m 的煤层钻孔,使煤层钻孔间距变为 1.2 m,按"三花"布置,低孔开孔位置距巷道底板1.5 m,高孔距巷道底板 1.8 m,低孔打平孔,高孔按＋10°打仰孔,钻孔布置如图 7-8 所示。

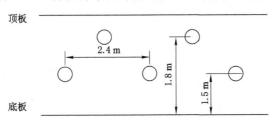

图 7-8　冲击危险区大直径卸压孔布置

当危险等级达到"4"级以上时,采取大直径钻孔卸压效果不明显,需进行深孔断顶爆破卸压,采用顶部锚杆钻机及配套钻杆施工钻孔,钻孔深度为 12 m,孔径为 65 mm,炮眼间距3 m,封孔长度为 4 m,沿工作面推进方向顶板单排布置,从平巷向基本顶方向施工,与水平方向呈 75°夹角朝向采空区,爆破预裂布置如图 7-9 所示。

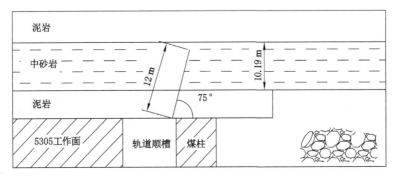

图 7-9　冲击危险区深孔预裂爆破布置

基于模糊神经冲击地压监测综合预警模型对 5305 工作面回采期间进行了预测预警,预警效果良好,工作面在回采期间未发生人员伤亡和设备损坏的冲击事故,实现了坚硬顶板冲击地压工作面的安全回采。

7.3　案例Ⅲ:煤柱型冲击危险辨识及治理

7.3.1　工程地质概况

以 C 煤矿 3303 工作面为例,分析煤柱型冲击危险的预警解危实施方法。如图 7-10 所示,C 煤矿 3303 工作面轨顺上侧局部为采空区,采空区与轨顺之间形成三角煤柱,回采过程中有大小断层影响。3303 工作面回采至轨道平巷拐点位置时,三角煤柱区将受到本工作面采动应力和上工作面 3301 面残余支承压力共同影响。三角煤柱区发生动力显现,监测数据明显异常,3303工作面回采期间的冲击地压危险监测数据,为煤柱型冲击地压研究提供了很好的材料。

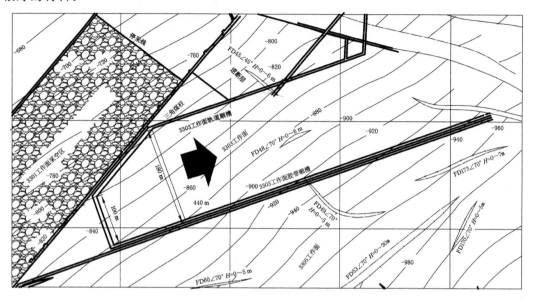

图7-10 3303工作面布置情况

7.3.2 冲击危险监测方案

微震监测系统主要记录震动释放的能量和震动发生的三维位置,当微震系统监测到的能量大于煤柱发生冲击的最小能量时,发出冲击地压危险预警。微震监测可以监测岩体产生破裂时产生的地震波,根据监测结果可分析岩体破裂的数量、频度、强度、密度、尺度、性质等,微震监测范围广,适用于大范围区域性冲击地压监测[107-110]。但是,对于采掘空间应力积聚导致的冲击地压,仅通过微震监测难以取得理想的预警效果,需要与其他监测系统进行配合使用。

微震监测系统的预警平台如图7-11所示。

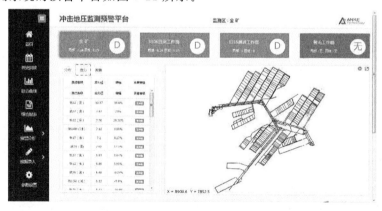

图7-11 微震监测预警平台

应力监测实现了对巷道两侧煤体的实时应力监测,能够反映工作面整体的应力集中情况,尤其是监测系统自动读取压力数据,并实时传输到地面控制室,显示冲击危险性云图。也可以采用数据处理软件处理各应力计的数据,监测数据具有良好的存储性和后续研究价值。C煤矿应力在线监测预警测点布置情况如图7-12所示。

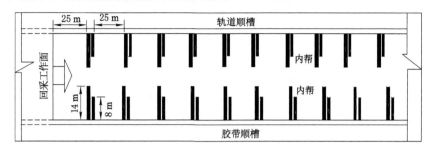

图 7-12　应力在线监测测点布置

钻屑法监测分为掘进过程中的监测和回采过程中的监测,其中:(1)巷道、平巷实体煤帮、迎头及切眼掘进期间,随着掘进工作的进行,不断增设监测钻孔,对两平巷实体煤帮、切眼两侧进行冲击地压监测。巷帮需滞后迎头5～10 m,重点监测迎头后方30 m范围;(2)工作面回采期间,对回采巷道整体进行监测,重点监测工作面超前煤壁75 m范围,钻孔与煤层倾向平行单排布置,间距为20～25 m,孔深10 m,孔距底板1.2 m左右,C煤矿钻孔布置情况如图7-13所示。

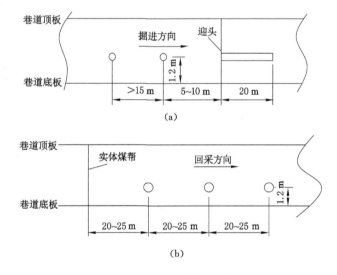

图 7-13　钻屑法监测钻孔布置
(a)掘进期间;(b)回采初期

7.3.3　冲击危险识别与预警

采用前文建立的基于深度神经网络的冲击危险DNN多参量综合预警方法,通过钻屑法和微震监测数据对工作面采掘期间的冲击危险进行识别与预警。将监测数据首先进行预处理,然后将处理后的数据导入预警模块,选择DNN模型参数对监测数据进行评价和分类确定冲击地压危险情况,如图7-14和图7-15所示。一旦发生冲击地压危险预警的情况,需要及时进行卸压解危。

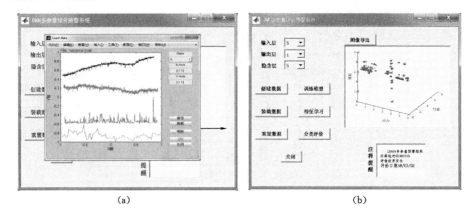

(a)   (b)

图 7-14   DNN 多参量综合预警实例示意图

（a）回采巷道监测数据导入；（b）监测数据评价分类结果

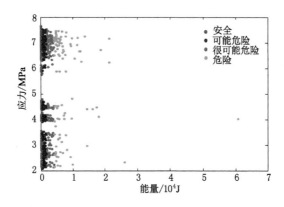

图 7-15   微震和应力在线综合预警结果

通过综合监测预警系统实现了 3303 工作面掘进期间的冲击地压危险监测预警，利用应力在线和微震的实时监测数据进行评价分类，作为冲击地压危险监测预警的依据，根据预警结果进行卸压解危，保证了 3303 工作面回采巷道掘进期间的安全，验证了该方法的可靠性。

7.3.4   冲击危险的卸压解危处理

冲击危险预警结果包括危险（DAN）、很可能危险（CRI）、可能危险（AN）和安全（NOR）4 种情况，针对不同的评价分类结果建议采取不同的卸压解危方案。C 煤矿 3303 工作面平巷掘进期间卸压解危的方法主要包括大直径钻孔卸压和爆破卸压。

当 DNN 综合预警结果为危险（DAN）和很可能危险（CRI）的情况下需要立即对巷道进行卸压解危处理，如图 7-16（a）所示，大直径钻孔深度为 20 m，每隔 5 m 布置 1 个卸压钻孔，然后在两卸压钻孔之间再加密实施卸压钻孔。如果最终形成间隔 2.5 m 的卸压钻孔后监测结果仍然为可能危险以上时使用爆破卸压，如图 7-17 所示，其中爆破孔深 15 m 对实体煤一侧进行爆破卸压，直至综合评价结果降为安全（NOR）。当 DNN 综合预警结果为可能危险（AN）时对巷道进行卸压解危，如图 7-16（b）所示，大直径钻孔深度为 20 m，每隔 5 m 布置 1 个卸压钻孔，如果卸压后综合评价结果仍然为可能及以上危险则对钻孔进加密在两个钻孔中间加打卸压孔,直至综合评价结果降为安全(NOR)。

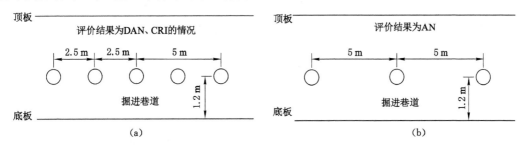

图 7-16　卸压钻孔布置示意图

(a)危险及很可能危险卸压钻孔布置;(b)可能危险情况下卸压钻孔布置

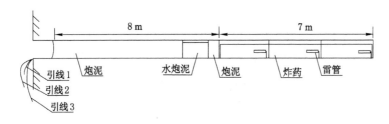

图 7-17　爆破卸压示意图

参 考 文 献

[1] 顾士坦,王春秋,顾士彬,等.矿井冲击地压信息识别与预报方法的研究进展[J].山东科技大学学报(自然科学版),2011,30(2):9-13.

[2] 谭云亮.矿山压力与岩层控制[M].北京:煤炭工业出版社,2011.

[3] 齐庆新,窦林名.冲击地压理论与技术[M].徐州:中国矿业大学出版社,2008.

[4] 潘俊锋,毛德兵,蓝航,等.我国煤矿冲击地压防治技术研究现状及展望[J].煤炭科学技术,2013,41(6):21-25.

[5] JIANG B, WANG L, LU Y, et al. Combined early warning method for rockburst in a Deep Island, fully mechanized caving face[J]. Arabian journal of geosciences, 2016, 9 (20):57-72.

[6] 潘俊锋,宁宇,毛德兵,等.煤矿开采冲击地压启动理论[J].岩石力学与工程学报,2012, 31(3):586-596.

[7] 姜耀东,潘一山,姜福兴,等.我国煤炭开采中的冲击地压机理和防治[J].煤炭学报, 2014,39(2):205-213.

[8] 齐庆新,欧阳振华,赵善坤,等.我国冲击地压矿井类型及防治方法研究[J].煤炭科学技术,2014,42(10):1-5.

[9] 翟明华,姜福兴,齐庆新,等.冲击地压分类防治体系研究与应用[J].煤炭学报,2017 (12):3116-3124.

[10] 李学龙.千秋煤矿冲击地压综合预警技术研究[D].徐州:中国矿业大学,2014.

[11] 蓝航,陈东科,毛德兵.我国煤矿深部开采现状及灾害防治分析[J].煤炭科学技术, 2016,44(1):39-46.

[12] 蓝航,齐庆新,潘俊锋,等.我国煤矿冲击地压特点及防治技术分析[J].煤炭科学技术, 2011,39(1):11-15.

[13] 王存文,姜福兴,刘金海.构造对冲击地压的控制作用及案例分析[J].煤炭学报,2012 (S2):263-268.

[14] 顾士坦,黄瑞峰,谭云亮,等.背斜构造成因机制及冲击地压灾变机理研究[J].采矿与安全工程学报,2015,32(1):59-64.

[15] ZHAO TB, GUO WY, TAN YL, et al. Case studies of rock bursts under complicated geological conditions during multi-seam mining at a depth of 800m[J]. Rock mechanics and rock engineering, 2018 (51): 1539-1564.

[16] 陈国祥,窦林名,乔中栋,等.褶皱区应力场分布规律及其对冲击矿压的影响[J].中国矿业大学学报,2008,37(6):751-755.

[17] 陈国祥.最大水平应力对冲击矿压的作用机制及其应用研究[D].徐州:中国矿业大

学,2009.

[18] 王玉刚.褶皱附近冲击矿压规律及其控制研究[D].徐州:中国矿业大学,2008.

[19] 张宁博.断层冲击地压发生机制与工程实践[D].北京:煤炭科学研究总院,2014.

[20] 吕进国,南存全,张寅,等.义马煤田临近逆冲断层开采冲击地压发生机理[J].采矿与安全工程学报,2018(03):567-574.

[21] 沈腾飞.断层构造区冲击地压发生机理及防治研究[D].青岛:山东科技大学,2015.

[22] 吕进国.巨厚坚硬顶板条件下逆断层对冲击地压作用机制研究[D].北京:中国矿业大学(北京),2013.

[23] 李新元,马念杰,钟亚平,等.坚硬顶板断裂过程中弹性能量积聚与释放的分布规律[J].岩石力学与工程学报,2007,26(s1):2786-2793.

[24] 牟宗龙,窦林名,张广文,等.坚硬顶板型冲击矿压灾害防治研究[J].中国矿业大学学报,2006,35(6):737-741.

[25] 潘岳,顾士坦,戚云松.初次来压前受超前增压荷载作用的坚硬顶板弯矩、挠度和剪力的解析解[J].岩石力学与工程学报,2013(8):1544-1553.

[26] 汤建泉.坚硬顶板条件冲击地压发生机理及控制对策[D].北京:中国矿业大学(北京),2016.

[27] 何江,窦林名,王崧玮,等.坚硬顶板诱发冲击矿压机理及类型研究[J].采矿与安全工程学报,2017,34(6):1122-1127.

[28] 蒋邦友.坚硬顶板弯曲破断特征与能量积聚演化规律研究[D].青岛:山东科技大学,2014.

[29] GU S T, JIANG B Y, Pan Y, et al. Bending Moment Characteristics of Hard Roof before First Breaking of Roof Beam Considering Coal Seam Hardening[J]. Shock and vibration, 2018, Article ID 7082951.

[30] LU C P, LIU G J, LIU Y, et al. Microseismic multi-parameter characteristics of rockburst hazard induced by hard roof fall and high stress concentration[J]. International journal of rock mechanics and mining sciences, 2015(76):18-32.

[31] 姜福兴,王玉霄,李明,等.上保护层煤柱引发被保护层冲击机理研究[J].岩土工程学报,2017(09):1689-1696.

[32] 王存文,姜福兴,王平,等.煤柱诱发冲击地压的微震事件分布特征与力学机理[J].煤炭学报,2009(09):1169-1173.

[33] CAO A Y, DOU L M, WANG C B, et al. Microseismic Precursory Characteristics of Rock Burst Hazard in Mining Areas Near a Large Residual Coal Pillar: A Case Study from Xuzhuang Coal Mine, Xuzhou, China[J]. Rock mechanics & rock engineering, 2016, 49(11):1-16.

[34] 杨伟利,姜福兴,温经林,等.遗留煤柱诱发冲击地压机理及其防治技术研究[J].采矿与安全工程学报,2014(06):876-880.

[35] 姜福兴,苗小虎,王存文,等.构造控制型冲击地压的微地震监测预警研究与实践[J].煤炭学报,2010,35(6):900-903.

[36] 张国胜.鄂东南燕山期构造特征及其控岩控矿作用[J].湖北地质,1992,6(2):16-29.

[37] 章程.广西河池五圩矿田构造应力场划分及力源探讨[J].广西地质,2000,13(2): 7-10.

[38] 王启亮,员孟超,王海生.太原掀斜构造特征及其成因分析[J].西北地质,2010,43(3): 41-46.

[39] 黄义,何芳社.弹性地基上的梁、板、壳[M].北京:科学出版社,2005.

[40] 杨学祥.均布荷载下一端固定的文克尔地基梁的基底压力特性及其工程意义[J].工程力学,2006,23(11):76-79.

[41] 潘一山.冲击地压发生和破坏过程研究[D].北京:清华大学,1999.

[42] 潘一山,王来贵,章梦涛,等.断层冲击地压发生的理论与试验研究[J].岩石力学与工程学报,1998,17(6):642-642.

[43] SHILK V M. Value of longwall length as an intensity regulator of geomechanical processes at the seams with hard roof rocks[J]. Fiz Tekh Probl Razrab Polezn Iskop, 1992 (1):3-7.

[44] 潘立友,张立俊,刘先贵.冲击地压预测与防治实用技术[M].徐州:中国矿业大学出版社,2006.

[45] YAO J M, HE F L. Countermeasure research on preventing rock burst with hard roof by energy mechanism[C]. Proc. Int. Young Sch. Symp. Rock Mech. - Boundaries Rock Mech. Recent Adv. Chall. Century, 2008:857-860

[46] MA QI HUA, WANG YITAI. Study on stress analysis and control technology of hard roof in deep mining stope[C]. ICMHPC - Int. Conf. Mine Hazards Prev. Control, 2010:428-433.

[47] 窦林名,曹胜根,刘贞堂,等.三河尖煤矿坚硬顶板对冲击矿压的影响分析[J].中国矿业大学学报,2003,32(4):388-392.

[48] 王旭宏.大同矿区"三硬"煤层冲击地压发生机理研究[D].太原:太原理工大学,2010.

[49] 潘岳,顾士坦,戚云松.周期来压前受超前隆起分布荷载作用的坚硬顶板弯矩和挠度的解析解[J].岩石力学与工程学报,2012(10):2053-2063.

[50] 尹光志,李贺,鲜学福.煤岩体失稳的突变理论[J].重庆大学学报,1994,17(1):23-28.

[51] 徐曾和,徐小荷,唐春安.坚硬顶板下煤柱岩爆的尖点突变理论分析[J].煤炭学报,1995,20(5):485-491.

[52] 王连国,缪协兴.煤柱失稳的突变学特征研究[J].中国矿业大学学报,2007,1(36): 7-11.

[53] 潘一山,章梦涛.用突变理论分析冲击地压发生的物理过程[J].阜新矿业学院学报,1992,11(1):12-18.

[54] 潘岳.关于岩体动力失稳的折叠突变模型的讨论[J].岩土工程学报,2010,32(1): 158-160.

[55] 周光文,刘文岗,姜耀东,等.采场冲击地压的能量积聚释放特征分析[J].采矿与安全工程学报,2008,25(1):73-77.

[56] 张志镇.岩石形破坏过程中的能量演化机制[D].徐州:中国矿业大学,2013.

[57] 赵阳升,冯增朝,万志军.岩体动力破坏的最小能量原理[J].岩石力学与工程学报,

2003,22(11):1781-1783.

[58] 潘俊锋,蓝航,毛德兵,等.冲击地压危险源层次化辨识理论研究[J].岩石力学与工程学报,2011(s1):2843-2849.

[59] 熊俊杰.矿井冲击地压危险源辨识与风险评价[D].焦作:河南理工大学,2012.

[60] 王春秋,蒋邦友,顾士坦,等.孤岛综放面冲击地压前兆信息识别及多参数预警研究[J].岩土力学,2014,35(12):3523-3530.

[61] 杨伟利.煤矿孤岛工作面冲击危险性识别与防冲研究[D].北京:北京科技大学,2016.

[62] RANZATO M, BOUREAU Y L, LECUN Y. Sparse feature learning for deep belief networks[J]. Advances in neural information processing systems, 2007 (20): 1185-1192.

[63] 张媛媛,霍静,杨婉琪,等.深度信念网络的二代身份证异构人脸核实算法[J].智能系统学报,2015(2):193-200.

[64] 张娟,汪西莉,杨建功.基于深度学习的形状建模方法[J].计算机学报,2018(1):132-144.

[65] SMOLENSKY P. Restricted Boltzmann machine[M]. Stellenbosch:Stellenbosch U-niversity, 2014.

[66] HINTON G. Boltzmann machine[J]. Encyclopedia of machine learning,2007,2(5):119-129.

[67] 王燕.神经网络和模糊技术在一类动态波形模式识别中的应用研究[D].上海:上海大学,2004.

[68] 鞠初旭.模糊神经网络的研究及应用[D].成都:电子科技大学,2012.

[69] SAHARAN M R, MITRI H. Destress Blasting as a Mines Safety Tool:Some Fundamental Challenges for Successful Applications[J]. Procedia engineering, 2011 (26): 37-47.

[70] 田建胜,靖洪文.软岩巷道爆破卸压机理分析[J].中国矿业大学学报,2010,39(1):50-54.

[71] 吴多华,乔卫国,李伟,等.爆破-锚喷联合支护技术研究[J].山东科技大学学报(自然科学版),2016,35(2):50-56.

[72] 徐颖.软弱层带爆炸注浆理论与实践[M].合肥:中国科学技术大学出版社,2008.

[73] MAZAIRA A, KONICEK P. Intense rockburst impacts in deep underground construction and their prevention[J]. Canadian geotechnical journal, 2015:1-14.

[74] TANG B, MITRI H. Numerical modelling of rock preconditioning by destress blasting[J]. Proceedings of the institution of civil engineers ground improvement, 2001, 5(2): 57-67.

[75] 杨建华,卢文波,严鹏,等.基于瞬态卸荷动力效应控制的岩爆防治方法研究[J].岩土工程学报,2016,38(1):68-75.

[76] 刘美山,杨建,葛文辉,等.锦屏二级水电站2#引水隧洞爆破治理岩爆试验研究[J].工程爆破,2011,17(2):8-11.

[77] 周林生,樊克恭,刘军,等.冲击地压工作面爆破卸压效果的数值模拟[J].山东科技大

学学报(自然科学版),2005,24(4):77-80.

[78] 魏明尧,王恩元,刘晓斐,等.深部煤层卸压爆破防治冲击地压效果的数值模拟研究[J].岩土力学,2011,32(8):2539-2543.

[79] 齐庆新,雷毅,李宏艳,等.深孔断顶爆破防治冲击地压的理论与实践[J].岩石力学与工程学报,2007,26(S1):3522-3527.

[80] 徐翔.爆破卸压在冲击地压防治中的应用研究[D].阜新:辽宁工程技术大学,2014.

[81] 李金奎,熊振华,刘东生,等.钻孔卸压防治巷道冲击地压的数值模拟[J].西安科技大学学报,2009,29(4):424-426,432.

[82] 曹安业,朱亮亮,杜中雨,等.巷道底板冲击控制原理与解危技术研究[J].采矿与安全工程学报,2013,30(6):848-855.

[83] 宋希贤,左宇军,王宪.动力扰动下深部巷道卸压孔与锚杆联合支护的数值模拟[J].中南大学学报(自然科学版),2014,45(9):3158-3165.

[84] 闫永敢.大同矿区冲击地压防治机理及技术研究[D].太原:太原理工大学,2011.

[85] 王宏伟.长壁孤岛工作面冲击地压机理及防冲技术研究[D].北京:中国矿业大学(北京),2011.

[86] CARTER B J,LAJTAI E Z,Petukhov A. Primary and remote fracture around underground cavities[J]. International journal for numerical & analytical methods in geomechanics,1991,15(1):21-40.

[87] CAI M, KAISER P K. Assessment of excavation damaged zone using a micromechanics model[J]. Tunnelling and underground space technology, 2005, 20(4): 301-310.

[88] ZHU W C, BRUHNS O T. Simulating excavation damaged zone around a circular opening under hydromechanical conditions[J]. International journal of rock mechanics and mining sciences,2008,45(5):815-830.

[89] 黄炳香,赵兴龙,陈树亮,等.坚硬顶板水压致裂控制理论与成套技术[J].岩石力学与工程学报,2017(12):2954-2970.

[90] 黄炳香,程庆迎,刘长友,等.煤岩体水力致裂理论及其工艺技术框架[J].采矿与安全工程学报,2011,28(2):167-173.

[91] 黄炳香.煤岩体水力致裂弱化的理论与应用研究[D].徐州:中国矿业大学,2009.

[92] 刘鹏.砂砾岩水压致裂机理的实验与数值模拟研究[D].北京:中国矿业大学(北京),2017.

[93] YANG Z, DOU L, LIU C, et al. Application of high-pressure water jet technology and the theory of rock burst control in roadway[J]. International journal of mining science and technology, 2016,26(5):929-935.

[94] 李宗翔,潘一山,张智慧.预防冲击地压煤层掘进注水钻孔布置与参数的确定[J].煤炭学报,2004,29(6):684-688.

[95] HUANG B, LI P, MA J, et al. Experimental investigation on the basic law of hydraulic fracturing after water pressure control blasting[J]. Rock mechanics and rock engineering,2014,47(4):1321-1334.

[96] HUANG B, LIU C, FU J, et al. Hydraulic fracturing after water pressure control blasting for increased fracturing[J]. International journal of rock mechanics and mining sciences,2011,48(6):976-983.

[97] 杜涛涛,窦林名,蓝航.定向水力致裂防冲原理数值模拟研究[J].西安科技大学学报, 2012,32(4):444-449.

[98] 欧阳振华,齐庆新,张寅,等.水压致裂预防冲击地压的机理与试验[J].煤炭学报,2011 (s2):321-325.

[99] 耶格 J C,库克 N G W.岩石力学基础[M].北京:科学出版社,1981.

[100] 王鸿勋.水力压裂原理[M].北京:石油工业出版社,1987.

[101] 郭信山.煤层超高压定点水力压裂防治冲击地压机理与试验研究[D].北京:中国矿业 大学(北京),2015.

[102] 刘贞堂,刘晓斐,王恩元.冲击地压电磁辐射序列的 ARMA 预测[J].中国矿业大学学 报,2009,38(3):317-320.

[103] 窦林名,何学秋,王恩元.冲击矿压预测的电磁辐射技术及应用[J].煤炭学报,2004, 29(4):396-399.

[104] WANG E Y, XUE-QIU H E. An experimental study of the electromagnetic emission during the deformation and fracture of coal or rock[J]. Chinese journal of geophysics,2005,43(1):55-57.

[105] WANG E, HE X, WEI J, et al. Electromagnetic emission graded warning model and its applications against coal rock dynamic collapses[J]. International journal of rock mechanics and mining sciences,2011,48(4):556-564.

[106] OGAWA T, OIKE K, MIURA T. Electromagnetic radiations from rocks[J]. Journal of geophysical research atmospheres,1985,90(D4):6245-6249.

[107] 赵周能,冯夏庭,肖亚勋,等.不同开挖方式下深埋隧洞微震特性与岩爆风险分析[J]. 岩土工程学报,2016,38(5):867-876.

[108] 郑超.基于微震监测数据的矿山岩体强度参数表征方法研究[D].沈阳:东北大 学,2013.

[109] 赵毅鑫,姜耀东,王涛,等."两硬"条件下冲击地压微震信号特征及前兆识别[J].煤炭 学报,2012(12):1960-1966.

[110] LU C P, DOU L M, ZHANG N, et al. Microseismic frequency-spectrum evolutionary rule of rockburst triggered by roof fall[J]. International journal of rock mechanics and mining sciences,2013,64(6):6-16.